Architektur-Preis
Einfamilienhäuser
Edition Reiners Stiftung

Holger Reiners

Energie effektiv nutzen

Die besten Einfamilienhäuser

Niedrigenergie-Häuser

Passiv-Häuser

EnergiePlus-Häuser

Deutsche Verlags-Anstalt
Stuttgart München

Inhaltsverzeichnis

Energieeffizient bauen – warum eigentlich?
Ein Liter Heizöl kostet heute noch immer erheblich weniger als ein schmackhaftes Brötchen und an dieser Preisrelation von Energiekosten zu ausgewählten Lebenshaltungskosten hat sich seit über vierzig Jahren nichts geändert! Warum also über Energiesparen nachdenken? Warum energieeffizient planen und bauen? Beschäftigen den Bauherrn wirklich allgemein ansteigender Energieverbrauch, Luft- und Umweltverschmutzung, zunehmende Erderwärmung, Ozonloch und Klimaschutz? Die Antwort ist ein klares Nein.
Bauherren plagen in aller Regel die direkten Kosten ihres neuen Hauses – oft bis an die Grenze der persönlichen finanziellen Belastbarkeit und Kräfte. Jede mögliche Verteuerung des Baus wird darum mit argwöhnischer Ablehnung quittiert, denn mehr darf es zum Zeitpunkt der Erstellung einfach nicht kosten. Nur wenige haben den Weitblick – und die augenblicklichen Geldmittel, auch an die Folgekosten zu denken. Wer plant schon eine potenzielle Einsparung über das nächste Jahrzehnt, wenn der Geldbeutel momentan eng ist?
Auch deshalb hat ein sinnvoller, verantwortungsvoller Umgang mit nicht erneuerbarer Energie – Öl, Gas und Kohle – bei den meisten der 250 000 Bauherren, die jedes Jahr allein in Deutschland bauen, keine wirkliche Priorität. Bei Bauträgern, Bauunternehmen und Architekten übrigens auch nicht – und das ist beschämender als das eher ängstliche Ablehnen der Bauherren.

Gibt es Wege aus dieser Situation?
Die globale Vereinbarung zur Reduzierung umweltschädigender Emissionen ist zwar das gesellschaftlich weltweit angestrebte Ziel. In den Köpfen derer aber, die dazu einen ganz wesentlichen Beitrag leisten könnten, den am Bau Beteiligten, muss es erst noch wirklich verankert werden. Denn nicht erneuerbare Energie ist immer noch bezahlbar!
Das wird sich langfristig aber ändern und wird uns heute schon durch gelegentliche Preissprünge um zeitweise über 100 Prozent im Zuge der künstlichen wie realen Verknappung von Energie immer wieder einmal vor Augen geführt.
Bei privaten Konsumentscheidungen verhalten sich die meisten Menschen markt- und preisbewußt. Wir informieren uns vor der Kaufentscheidung über technische Daten, Qualitätsstandard, Preise und bei Haushaltsgeräten auch über deren Energieverbrauch. Bei der meist einmaligen Investitionsentscheidung für das eigene Haus vermeiden dagegen viele Bauherren heute noch einen gründlichen, rationalen Preis-Leistungsvergleich bei Anschaffungs- und Folgekosten. Häufig übrigens, weil der Bauherr gar nicht weiß, dass es inzwischen einen technologischen und architektonischen Standard für Wohnhäuser unter Kostengesichtspunkten gibt, der neben allgemein architektonischen und individuell geschmacklichen Kriterien auch sehr differenziert zwischen den Gebäudetypen Niedrigenergiehaus, Passivhaus und EnergiePlus-Haus unterscheidet.
Ja, wir haben heute die Möglichkeit, ein individuelles Einfamilien-»Premium«-Haus zu bauen, das gar keine Heizenergie mehr benötigt, und es gibt als weniger komplizierten Standard das 3-Liter-Niedrigenergiehaus, das nur noch ein Fünftel des in der Wärmeschutzverordnung von 1995 geforderten Heizenergieverbrauchs benötigt und nur noch ein Zehntel bis zu einem fünzehntel eines nicht nach energetischen Gesichtspunkten sanierten Hauses aus der vorigen Jahrhundertwende bis zu den sechziger Jahren.
Energiekosten machen beim herkömmlichen Einfamilienhaus, das nicht unter dem Aspekt optimaler Energieverwertung geplant wurde, mehr als zwei Drittel der laufenden Betriebskosten jährlich aus.
Es gilt also, den finanziell beim Bau angespannten Bauherrn auch noch für die Folgekosten, für seine Zukunft zu interessieren!
Energetische Betriebskosten lassen sich auf ein Minimum senken – ohne jeden Komfortverzicht und bei zusätzlichen Baukosten von maximal 10 Prozent. Dafür erhält der Bauherr ein nicht nur heute gebrauchstaugliches Haus, sondern auch eines, das zukünftigen Bedürfnissen und gesetzlichen Bestimmungen im Hinblick auf Qualität, Kosten und Werthaltigkeit Stand hält. Diese Vorteile überzeugend zu vermitteln ist Aufgabe einer energiebewussten Architektur.
Minergie-Häuser sind in der Schweiz schon heute »Markenartikel«, weil sie energetische Standards zu in der Obergrenze festgelegten Preisen bieten – ganz sicher ein richtungsweisender Weg zu einer unter technischen Aspekten zertifizierten Architekur, von der wir noch sehr, sehr weit entfernt sind.
Um die Entwicklung einer energiebewussten Architektur zu fördern und zu beschleunigen, stand die Ausschreibung des diesjährigen Architekturpreises für Einfamilienhäuser unter dem Motto des energieeffizienten Bauens. Der von der Deutschen BP gestiftete Zusatzpreis »Photovoltaik als integriertes Bauelement« fokussiert

Energieeffizientes Bauen –

das Thema auf den Einsatz der Photovoltaik zur direkten Stromerzeugung – das eigene Haus wird zum Kraftwerk. Was liegt näher, als diese Technologie in den Mittelpunkt des Interesses zu stellen, deren Einsatz sich weltweit bewährt hat, staatlich besonders gefördert wird und Bauherrn tatsächlich unabhängig von den Unbilden der Energiepreise macht? Solarenergie ist die Energiequelle mit dem größten Zukunftspotential. Solarenergie kann man auch gewinnen, wenn die Sonne nicht vom leuchtend blauen Himmel strahlt.

Jeden Tag empfangen wir von der Sonne mehr als das 15 000fache an Energie, als die gesamte Menschheit gegenwärtig braucht und erzeugen bei ihrer Nutzung keine schädlichen Emissionen, Lärm oder Geruch. Photovoltaik ist nur ein Element, das wir wie bei einem Baukastensystem einsetzen können, um dem Ideal des Null-Energiehauses oder gar des EnergiePlus-Hauses näherzukommen.

Die Ergebnisse des diesjährigen Architekturwettbewerbs, an dem sich wieder mehr als dreihundert namhafte Architekten aus Österreich, der Schweiz und Deutschland beteiligt haben, zeigt in beeindruckender Weise, wie umfänglich die Einzelteile dieses Baukastens zum energieeffizienten Bauen bereits heute sind. Jetzt ist es an der Zeit, dass Bauherren ihre Vorstellungen von wirklich zeitgemäßen Häusern entwickeln und Fachfirmen wie Architekten sich auf die neue Wunsch- und Bedürfnissituation einstellen.

Die Entwürfe der fünf Preisträger ebenso wie die anderen 31 ausgezeichneten Arbeiten belegen, dass Energieeffizienz keine Einschränkung für eine individuelle Einfamilienhausarchitektur darstellt – im Gegenteil. Die Projekte zeigen vielmehr, daß die Architektursprache um ganz neue Begriffe erweitert wird, dass es im Zuge des energieeffizienten Bauens zu ganz neuen Gebäudetypen, neuen Formen und neuen Erscheinungsbildern in der Architektur kommt. Auch hinter eher traditionellen Fassaden lassen sich Wohnwelten herstellen, die alle Aspekte des energiebewussten und technisierten Bauens bieten. Das High-Tech-Haus, dessen Türen sich auf Zuruf der legitimierten Stimme öffnen und das ohne Lichtschalter oder herkömmliche Armaturen auskommt und individuell in seinen Funktionen programmierbar ist, ist bereits Gegenwart. Das Haus, das Strom produziert auch.

Jetzt kommt es darauf an, alle verfügbaren Bau-Elemente so aufeinander abzustimmen, dass die ästhetischen wie energetischen Bedürfnisse eines Bauherrn Beachtung finden und in eine stimmige Architektur münden. Dass gute Architekten ein solches Riesenpuzzle überzeugend zusammensetzen können, belegen die eingereichten Arbeiten. Sie setzen Maßstäbe, an denen sich Bauherren und Architekten orientieren können, sie zeigen, was heute machbar und wünschenswert ist. Jedes vorgestellte Haus ist anders, jedes ist die gebaute Visitenkarte seiner Auftraggeber, jedes die individuell erarbeitete Lösung eines Architekten – manches sogar ein Stück Baukunst.

Die Zukunft des Bauens hat erst begonnen – falsch verstandene Traditionen aber haben mit Sicherheit ausgedient. Energiebewusstes Bauen ist keine Ideologie, vielmehr ein Gebot der Vernunft, des klaren Kalküls und eines verantwortungsvollen Selbstverständnisses. Individuelle Bedürfnisse und der globale Wunsch nach einem umweltverträglichen Leben sind nicht länger Gegensätze – unabhängig davon, wieviel Energie der einzelne in seinem Haus verbrauchen möchte. Wenn wir es richtig machen, ist für alle genug da. Energieeffizientes Bauen ist dafür allerdings die Voraussetzung.

Heizenergieverbrauch

Wohnhaus mit Energieverbrauch nach Wärmeschutzverordnung von 1995	ca. 160 kWh/m²a
Niedrigenergiehaus	65–140 kWh/m²a
Minergiehaus, spezieller, zertifizierter Niedrigenergiestandard in der Schweiz	45 kWh/m²a
Passivhaus	maximal 15 kWh/m²a
EnergiePlus-Haus	liefert bei Niedrigenergie- oder Passivhausstandard durch zusätzlichen Einsatz von Photovoltaikelementen Energieüberschuss

Bauen für eine emissionsarme Zukunft

Auslobung der Reiners Stiftung

Die Reiners-Stiftung zur Förderung von Architektur und Baukunst, in Zusammenarbeit mit der **Deutschen Verlags-Anstalt**, München, der Zeitschrift **HÄUSER**, Hamburg, und dem **Bund Deutscher Architekten (BDA)**, die den Architekturpreis Einfamilienhäuser fördernd unterstützen.
In diesem Jahr lobt die **Deutsche BP** im Rahmen des Wettbewerbs erstmalig in Zusammenarbeit mit der Reiners-Stiftung einen Zusatzpreis von DM 25 000,– mit dem Thema »Bauen für eine emissionsarme Zukunft, Photovoltaik als integriertes Element im Einfamilienhaus« aus.

Teilnehmer
Architekten aus Deutschland, Österreich und der Schweiz sowie Architekten aus weiteren Ländern der Europäischen Union, deren Wettbewerbsunterlagen in Deutsch oder Englisch eingesandt werden.
Von den Teilnehmern wird die Einsendung üblicher Projektdokumentationen realisierter Starter-, Einfamilien-, Generationshäuser und Villen erbeten, die den Anspruch an Niedrigenergie-, Null-Energie oder Energie-Plus-Häuser erfüllen und – als Teilnehmer am BP Sonderpreis – über integrierte Photovoltaikanlagen verfügen. Die Projekte sollen in Entwurf und Ausführung den Anspruch einer innovativen, richtungweisenden und werthaltigen Architektur erfüllen – unabhängig von der Höhe des zur Verfügung gestellten Budgets. Die Bauten sollen nach 1997 entstanden sein.

Preissumme: DM 50.000,–
(DM 25 000,– von der Reiners Stiftung zuzüglich DM 25 000,– für den BP Sonderpreis)

Letzter Termin für die Einsendung: 15. Juli 2001
Der Architekturpreis Einfamilienhäuser wird jedes Jahr vergeben – mit wechselnden Themenschwerpunkten. Die anschließende Buch-Dokumentation der 36 besten Projekte bei der Deutschen Verlagsanstalt, München, sowie die Veröffentlichung ausgewählter Bauten in HÄUSER und im Internet sollen dazu beitragen, die Sensibilität für das emissionsarme Bauen und eine entsprechend zukunftsweisende Architektur, die diesem Anspruch gerecht wird, zu steigern und das Qualitätsbewußtsein beim Bau von Einfamilienhäusern besonders unter diesem Aspekt weiter zu entwickeln.

Architekturpreis 2002

Die Jury, die am 3. August 2001 im Gruner + Jahr Verlagsgebäude in Hamburg die Preisträger ausgewählt hat:

Gerhard Bünemann, Architekt BDA, Hannover

Dieter Leistner, Architekturfotograf, Mainz

Joachim Landwehr, Architekt, Hamburg

Wolfgang Nagel, Chefredakteur HÄUSER, Hamburg

Holger Reiners, Reiners Stiftung, Hamburg

Barbara Rudeck, BP-Solar International Communications, Hamburg

Hadi Teherani, Architekt BDA, Hamburg

Roland Thomas, Deutsche Verlagsanstalt, München

Mechtild Winking, BP-Solar International Communications, Hamburg

bp solar

Auslobung der Deutschen BP

Die Deutsche BP lobt erstmalig in Zusammenarbeit mit der Reiners Stiftung einen Zusatzpreis in Höhe von DM 25 000,– mit dem Thema »Bauen für eine emissionsarme Zukunft: Photovoltaik als intergriertes (nicht zusätzliches) Element im Einfamilienhaus« aus.
Der Anspruch an eine künftige Nutzung photovoltaischer Anlagen ist die Integration von Photovoltaik(PV)-Modulen, so dass die PV-Module zu einem festen Bestandteil der Gebäudehülle werden und als Baumaterial der Zukunft zu sehen sind. Genutzt werden sollten hierbei Standards, die zu einer kostengünstigen Lösung führen und durch ihre Multifunktion zu Synergien am Bau führen. Der Einsatz von PV-Modulen wird einerseits zur Stromerzeugung genutzt und wirkt gleichzeitig in der Gebäudehülle abdichtend. Somit werden Synergien frei und eine intelligente Planung möglich.
Diese Ansprüche sind als Hauptkriterien zu verstehen, unter denen die Preisvergabe stattfindet. Die Jury besteht aus Architekten, Experten der BP-Solar sowie aus Fachjournalisten.

Die Projekte

Preisträger
der Reiners Stiftung

Preisträger
der Deutschen BP

Deutschland

Österreich

Schweiz

Preisträger der Reiners Stiftung

Entwurfskonzept

Das vorgegebene Baufenster und eine bestehende Eingangssituation bilden die Grundlage des Entwurfes. Den Auftakt des Ensembles bildet ein Carport mit Zugang von der Straße.

Das Gebäude differenziert sich in einen schmalen Mittelteil und vorgestellte Wandkästen an den Längsfassaden: die mittlere Giebelwand aus Tuffstein mit anschließender Steinterrasse, Holzfenstern und baurechtlich vorgeschriebenem Ziegeldach – die seitlichen Wandkästen verputzt, umlaufend in einem schwebenden Holzbelag, mit filigraner Stahl-Glas-Fassade und Blechdach.

Das »Haus im Haus«-Konzept setzt sich bei der Materialwahl im Innenbereich als Kontrast fort: Glättputz mit lasiert getönter Oberfläche, Steinboden und Holzfenster im Giebelbereich des Obergeschosses.

Beidseitige Flure verbinden die Wohnbereiche. Sämtliche Aufenthaltsräume werden durch Lichtschneisen zwischen den Setzkästen von Süden belichtet. Die Lichtachsen setzen sich jeweils mit Nordblick in den Garten fort.

Bei den Individualräumen im Obergeschoss wird der Blick bewusst gefangen. Vorgehängte Lamellen und sandgestrahltes Glas schaffen giebelseitige Ausblicke, grenzen aber Einblicke aus.

Das Thema Stein variiert vielfach, ohne das Materialzusammenspiel von Stein, Holz, Glas und Putz zu dominieren. Stein in seiner Masse dient auch der Wärmespeicherung und Wärmeübertragung.

Trotz geringfügiger Berücksichtigung »traditioneller« energierelevanter Entwurfs- und Ausstattungskriterien kann mit diesem Konzept das Ergebnis eines energieeffizienten Niedrigenergiehauses erzielt werden.

Energiekonzept

Kunst und Wohnen, die beiden Grundbegriffe des Entwurfes bilden auch die Grundlage für das Energiekonzept des Hauses. Im Wesentlichen kommen dabei drei Wirkungsweisen zum Tragen:

1. Das gesamte Haus wird mit Sockelleitungen beheizt (Ölheizung als Brennwertzentrale, zentraler Holzofen für die Übergangszeit). Die Leitungen sind an der Wandinnenseite in das Mauerwerk eingeputzt und temperieren durch die ausstrahlende und aufsteigende Wärme die gesamten Wandflächen. Durch diese Bauteiltemperierung wird die Durchfeuchtung reduziert. Gleichzeitig wird das Speicherverhalten der massiven Wand in die Wärmebilanz aufgenommen. Nach Vorgabe effektiver k-Werte verbessert sich der Wärmebedarf des Hauses. Der eingehaltene Grenzwert für den Wärmebedarf nach WSVO wird allein durch diesen Effekt auf einen Wert im Niedrigenergiebereich reduziert.

2. Die übliche Raumlufttemperatur von 21 °C bei einem konventionell beheizten Gebäude kann durch Strahlungswärme bei gleicher Behaglichkeit um 2–3° reduziert werden. Je Grad reduzierter Raumlufttemperatur verringert sich der Wärmebedarf des Gebäudes um 6–7 Prozent – also ein zusätzliches Einsparpotenzial von maximal 21 Prozent.

3. Beim konventionellen Heizkörper unter dem Fenster entstehen Temperaturen bis zu 60°. Wird im Winter bei minus 10 °C gelüftet, entsteht ein Wärmeverlust bei 70° Temperaturdifferenz. Die geringere Raumlufttemperatur und die gleichmäßige Aufheizung der Bauteile des Konzeptes reduzieren den Wärmeverlust beim Luftwechsel erheblich. Bei einer Raumlufttemperatur von 19 °C ergibt sich eine Temperaturdifferenz von lediglich 29°. Die nach WSVO festgelegte Luftwechselrate von 0,8 wird bis zu 50 Prozent reduziert.

Urteil der Jury

Einstimmig wurde das Projekt mit einem der drei gleichwertigen Preise der Reiners Stiftung ausgezeichnet, weil es in überzeugender Weise ein zukunftweisendes Energiekonzept anbietet, das sich leicht mit einigen technischen Ergänzungen zu einem Null-Energiehaus ausbauen ließe. Die Architektur setzt auf eine traditionelle, bewährte Formensprache ohne Schnörkel, die als Gesamtplastik ebenso besticht wie in ihrem individuellen Nutzungskonzept und der Detailausbildung in handwerklich überzeugend langlebiger Ausführung.

Gegenüber: Die eher traditionelle Grundform des Hauses erfährt ihren Reiz durch die fein abgestimmte Materialwahl und die gekonnte Detaillierung – das effektvolle Energiekonzept ist nicht ablesbar, warum auch?

Die vorhandene, erhaltenswerte Eingangssituation wurde durch einen neuen Carport formal und funktional aufgewertet.

Niedrigenergiehaus-Experiment bei München

Innovatives Konzept für

Architekten: Gassner & Zarecky, Riemerling

eine preisgekrönte Architektur

Der zentrale, von den Fassaden zurückgesetzte Wohnraum mit der beidseitig durch den Holzbelag betonten Übergangszone zum Garten.

Die zu den Gängen offene Küche bildet einen bewusst abgeschlossenen Bereich am Ende des Erdgeschossgrundrisses.

Gegenüber: Faszinierend ist der über beide Geschosse reichende zentrale Wohnraum. Im Hintergrund ist die Küche mit dem Esstresen sichtbar.

Romanik

Oben: Vom Wohnraum aus lässt sich die gesamte Gebäudehöhe bis hinein ins Dach erleben, und das große Oberlicht sorgt für zusätzliche Weite und den Blick in die Baumkronen.

In den die Räume begleitenden Gangflächen lässt sich der Grundriss über die gesamte Länge erfahren. Hier sind es die verglasten Ecken, die den Bezug zum Garten herstellen.

Schlafbereich und Bad im Obergeschoss bilden einen offenen Trakt, der teilweise über den Luftraum auch mit dem Erdgeschoss verbunden ist.

Das relativ einfache Arbeitsmodell ist gerade für Bauherren noch immer das am besten verständliche Medium, sich das spätere eigene Haus in seinen Funktionen und seiner Wirkung vorzustellen.

Zu einem durchgängigen Entwurfskonzept gehört selbstverständlich auch die Gartenplanung, die hier in gelungener Weise die in allen Bereichen äußerst differenzierte Architektur ergänzt.

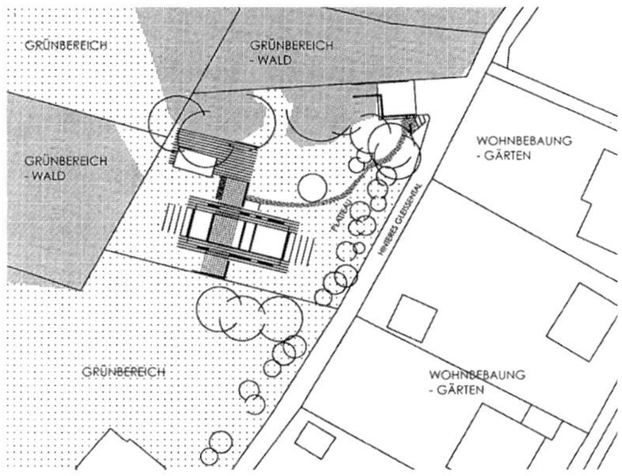

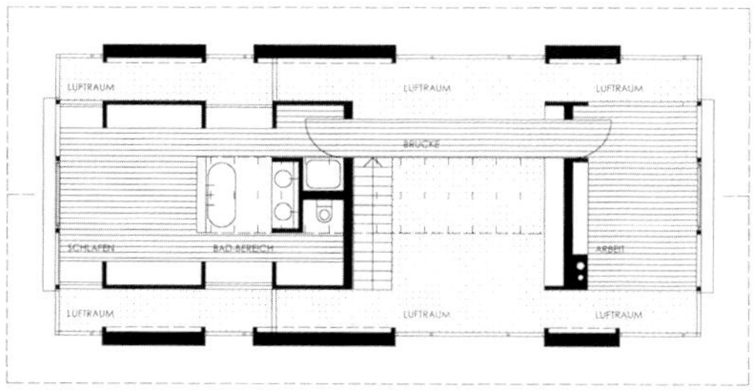

Obergeschoss

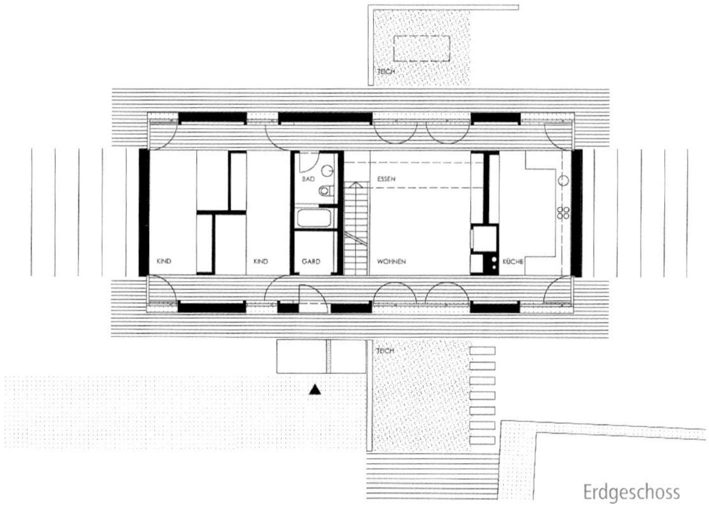

Erdgeschoss

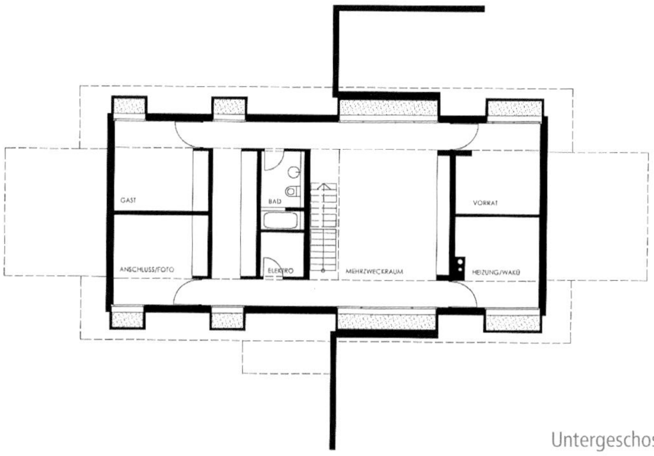

Untergeschoss

1:300

Vita

Gassner & Zarecky
Architekten und Ingenieure
Maiglöckchenweg 16
D-85521 Riemerling

Gassner-Zarecky@t-online.de
www.Gassner-Zarecky.de

	Uli Gassner	Peter Zarecky
Geburtsjahr:	1966	1969
Geburtsort:	München	München
Studienort:	FH München	FH München
Eigenes Büro seit:	1996	1996 (Freie Mitarbeit)
Büropartnerschaft seit:	1997	1997
Anzahl der Mitarbeiter:	2–4	
Arbeitsgemeinschaften mit drei Architekturbüros in München		

Arbeits- und Entwurfsphilosophie:
»... vom ersten Strich bis zur letzten Schraube.« Mit unserer Arbeit versuchen wir bei gestalterischer und technischer Umsetzung eigenständige Ansätze von zeitloser Qualität zu finden, die gleichzeitig für ihre Zeit stehen.
Der Einklang von Ort und Umgebung, Gestalt und Funktion gelten als erklärtes Ziel. Eine gelungene Umsetzung lässt sich über das Wesen eines Gebäudes erspüren: die Ausstrahlung und ein positives Empfinden von Innen- und Außenräumen, Materialien, Farbgebung und Detailsprache.

Daten

Wohnfläche:	165 m^2
Zusätzliche Nutzfläche:	108 m^2 (Gästezimmer, Studio und Abstellräume im Keller)
Anzahl der Bewohner:	3
Grundstücksgröße:	1585 m^2
Grundstückscharakteristik:	Plateaugrundstück im Außenbereich mit Hangkante zur Straße
Baujahr:	1999/2000
Planungszeit:	11 Monate
Bauzeit:	15 Monate
Baukosten brutto je m^2 Wohn- und Nutzfläche:	€ 2810,–
Baukosten je m^3:	€ 660,–
Baukosten brutto gesamt:	€ 767 000,–
Heizwärmebedarf:	43,60 kWh/m^2a
Jahresheizwärmebedarf:	7193 kWh/a

Fotos: Sabrina Rothe, Köln

Preisträger der Reiners Stiftung

Entwurfskonzept

Der Neubau, der zum Teil auf den Grundmauern eines 50er-Jahre-Hauses aufgerichtet wurde, bildet in Lage und Volumen den stadträumlichen Abschluss einer Sackgasse in einem Kölner Wohngebiet. In Farbgebung, Material und Geschossigkeit orientiert sich das Haus rücksichtsvoll an der Nachbarschaftsarchitektur, wobei das Staffelgeschoss in die Tiefe des Grundstücks verschoben wurde, wo es mit seinen beiden Holzanbauten als Glas-Metall-Körper den Kubus durchdringt.

Das Konstruktionssystem der filigran ausgearbeiteten Südfassade wurde für dieses Projekt dahingehend weiterentwickelt, dass über ein profilintegriertes Klappensystem die notwendige Nachtauskühlung an heißen Tagen erfolgt, während der alte Baumbestand für natürlichen sommerlichen Sonnenschutz sorgt. Eine weitgehend verborgene, dachintegrierte Solaranlage deckt Teile des Warmwasserbedarfs. Durch die zweigeschossigen Lufträume im Eingangs- und Essbereich entsteht bei sonst geringen Raumhöhen die erwünschte optische Weite im Gebäude, ein raumqualitativer Aspekt, der durch die atmosphärische Einbindung der Außenräume noch verstärkt wird. Der in der Wirkung offen gestaltete Erdgeschossgrundriss lässt sich bei Bedarf durch gläserne Schiebetüren zonieren und schließt auf diese Weise die Funktionsbereiche auch optisch ab.

Energetische Aspekte

Ziel der auf Energieeffizienz gerichteten Planungsaspekte war, den Betrieb der notwendigen technischen Anlagen möglichst emissionsarm zu gewährleisten, ressourcenschonend mit Primärenergie umzugehen und die Trinkwassernutzung auf das für die Bewohner notwendige Maß zu beschränken.

Dieser Zielsetzung trägt die hocheffiziente Brennwert-Gas-Kessel-Anlage für die Raumheizung und Warmwasserbereitung Rechnung, die durch eine thermische Solaranlage unterstützt wird. Sie stellt über weite Zeiträume des Jahres die Brauchwassererwärmung sicher, darüberhinaus wird die überschüssige Energie dem Heizkreislauf zugeführt. Durch die großen verglasten Fassadenelemente mit geeigneten bauphysikalischen Eigenschaften zur winterlichen Solarenergiegewinnung in Kombination mit der Heizungs- und solarthermischen Anlage liegt der maximale Jahresheizwärmebedarf um 30 Prozent unter den in der gültigen Wärmeschutzverordnung geforderten Werten.

Eine installierte Regenwassernutzungsanlage beschickt die Toilettenanlagen, sie dient der Außenanlagenbewässerung und sorgt auch für die Niveauregulierung der Wasserbecken im Garten.

Urteil der Wettbewerbsjury

Das Projekt wurde einstimmig mit einem der drei gleichwertigen Preise der Reiners Stiftung ausgezeichnet, weil seine selbstverständliche, zeitgenössische Architektur in vorbildlicher Weise einen baukünstlerischen Anspruch mit einem besonders verantwortungsvollen Energiekonzept verbindet. Damit tritt der Entwurf überzeugend den Beweis an, dass energieeffizientes Bauen nicht die Frage plakativer Botschaften ist, die Andersdenkende ansprechen und überzeugen wollen, sondern allein das Ergebnis einer selbstverständlichen Architekturauffassung, die das jeweils mögliche technische Niveau ihrer Zeit inkorporiert, ohne das notwendige baukünstlerische Niveau aufzugeben – das Ergebnis ist eine elegante, richtungweisende Architektur, die auf nichts verzichtet, aber auch nicht dominieren will.

Gegenüber: Eine einladende Architektur, die im besten Sinne zeitgenössische Moderne verkörpert ohne die Klassik zitierend zu strapazieren. Negativ- und Positivräume, Kuben und Flächen und das grafische Konzept der Fassaden verleihen dem Bau gerade die notwendige Fülle von optischen Reizen, die das Auge sucht – weniger wäre arm, mehr ein klares Zuviel, das eben, was ein Kunstwerk ausmacht.

Niedrigenergiehaus in Köln

Herausragende Architektur

Architekten: Gatermann + Schossig und Partner, Köln

erklärt sich selbst

Die Dachgeschossterrasse vor dem Schlafraum – ungestörte Ruhe in den Baumwipfeln. Das gläserne Oberlicht sorgt für das faszinierende Lichtspiel auf der Obergeschossterrasse, gleichzeitig entmaterialisiert es geheimnisvoll den Gesamtbau.

 Architekten: Gatermann + Schossig und Partner, Köln

Die Eingangsfassade mit dem Hauptzugang, die Tür links erschließt die Einliegerwohnung. Das virtuose Spiel der Kuben und der Öffnungen in der Fläche verraten das feine Gespür der Architekten – es sieht alles so selbstverständlich aus, ist aber das Substrat harter Entwurfsarbeit.

Die gegenüberliegende Fassade dagegen stellt sich im Wohntrakt gänzlich transparent dar. Die kleinen Fenster rechts belichten Küche und Bäder.

Der Blick vom oberen auf den um zwei Stufen abgesenkten Wohnraum im Erdgeschoss.
Unten: Die üblicherweise offenen Bereiche – Küche und Wohnen – lassen sich bei Bedarf durch raumhohe transluzente Glastüren abtrennen – schließlich ist ein offener Grundriss ein Diktat, dem sich nicht jeder gern ständig unterzieht.

Der Blick von der Terrasse mit den großen Wasserbecken in den weiten Wohnraum mit den zwei Ebenen.

Herd, Abzugshaube, Funktionsblock bilden zusammen mit dem Esstisch eine Blickachse – und die gelbe Rückwand schafft mit dem eingelassenen Bord in Rot eine illusionär heitere Sommerstimmung als seelischer Stimulus an dunklen Tagen.

Der Tisch in der zweigeschossigen Esshalle mit dem Durchblick auf den hinter der Einbauwand liegenden Eingangsbereich.

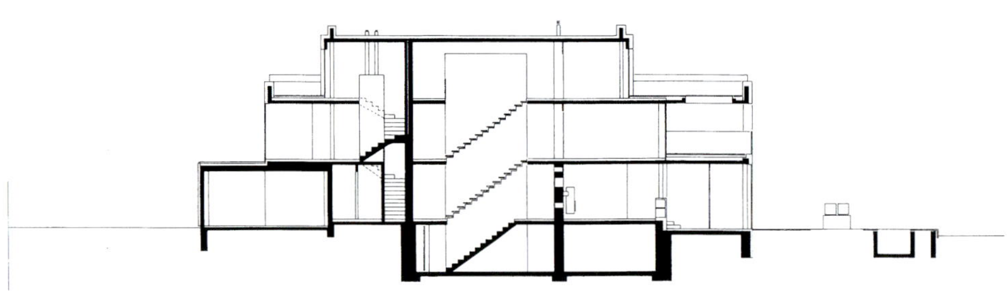

Schnitt

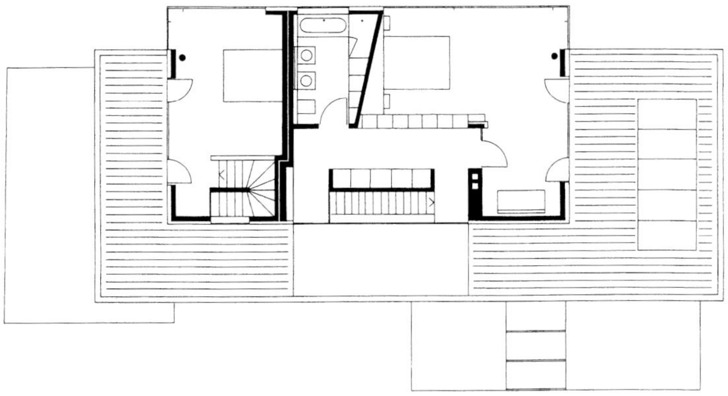

Dachgeschoss

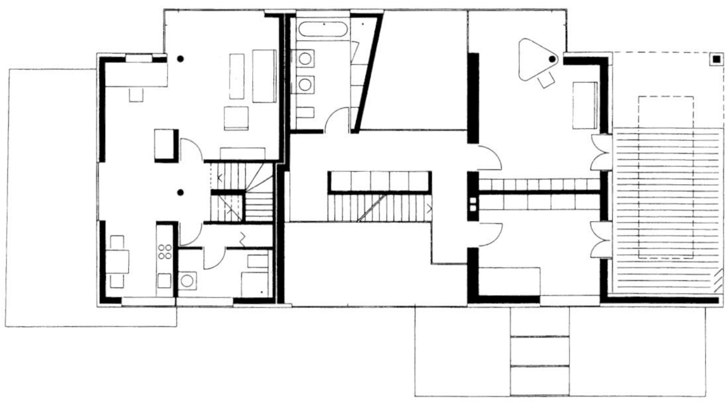

Obergeschoss

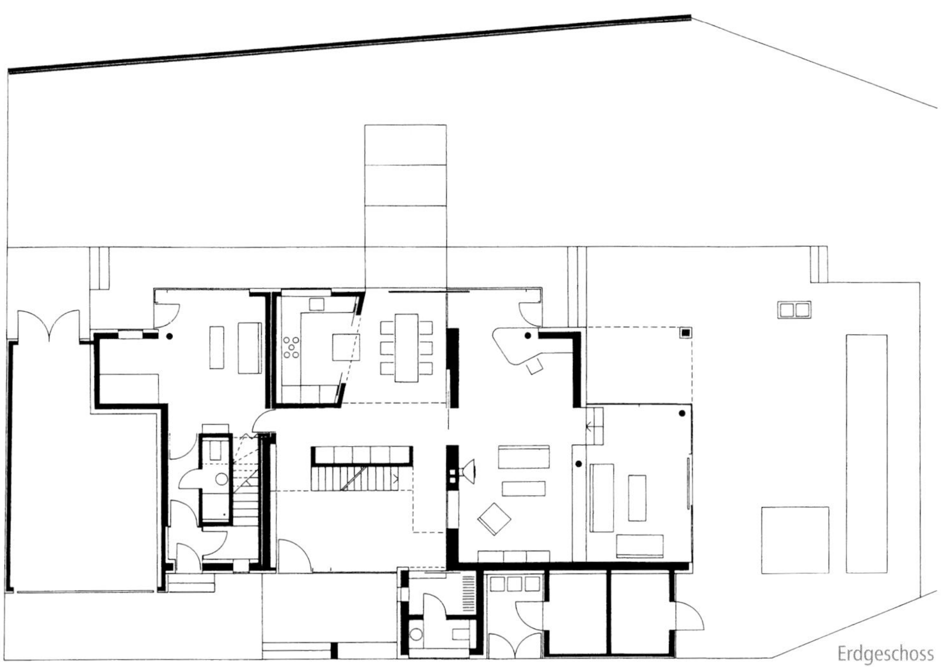

Erdgeschoss

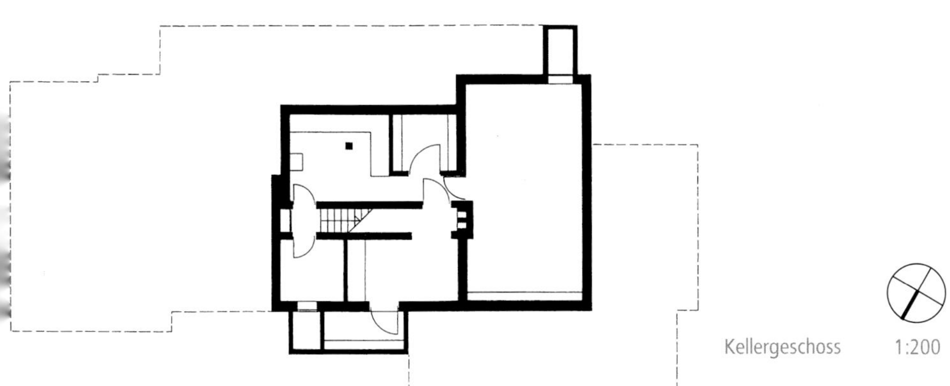

Kellergeschoss 1:200

Vita

Gatermann + Schossig und Partner
Architekten BDA
Dörte Gatermann
Elmar Schossig
Dietrich Mengel, Partner seit 1993
Richartzstraße 10
D-50667 Köln

Mitarbeiter: Sven Gaeßler, Alexander Stehling

office@Gatermann-Schossig.de
www.Gatermann-Schossig.de

Dörte Gatermann

Geburtsjahr:	1956
Studienort:	TU Braunschweig/ RWTH Aachen

Elmar Schossig

Geburtsjahr:	1950
Studienort:	TU Braunschweig/ RWTH Aachen
Eigenes Büro seit:	1984
Anzahl der Mitarbeiter:	28

Arbeitsschwerpunkte
Büro- und Verwaltungsbauten, Gewerbe- und Industriebau, Kliniken, Hochschulbau

Arbeits- und Entwurfsphilosophie
Besonderes Anliegen des Büros ist die Entwicklung architektonisch anspruchsvoller Lösungen, die eine Auseinandersetzung mit der Corporate Identity des Bauherrn, die Optimierung von Produktions- und Verwaltungsprozessen, aber auch die Verbesserung der Arbeitsplatzqualität aufgrund architektonischer und ökologischer Überlegungen sowie die Berücksichtigung intelligenter Energiekonzepte einschließt.

Daten

Wohnfläche:	260 m², Appartement 29 m² Zusätzliche Nutzfläche außerhalb der beheizten Hülle: 60 m² Keller, 55 m² Garage und Abstellraum
Anzahl der Bewohner:	4 + 1 Einlieger
Grundstücksgröße:	1131 m²
Grundstückscharakteristik:	Ende einer Sackgasse
Planungszeit:	5 Monate
Bauzeit:	14 Monate
Baujahr:	2000
Baukosten:	k.A.
Heizwärmebedarf:	65 kW/m²a

Fotos: Robertino Nicolic, Mainz

Preisträger der Reiners Stiftung

Niedrigenergiehaus in Weißenhorn

Reduktion als Planungsprinzip

Planungskonzept

Der langgestreckte, nord-süd-orientierte Sichtbeton-Flachdachbau mit einem auskragenden Gebäudeteil im Erdgeschoss hat seinen Zugang von Westen über einen kleinen Vorhof, der von einer noch jungen Linde dominiert wird. Der im Norden angeordnete Flur erschließt die fünf Raumachsen der Wohn- und Aufenthaltsräume, die sich nach Süden orientieren, und die fünf Nebenräume im auskragenden Gebäudeteil, der gleichzeitig im Hangbereich als Carport dient.

Über die östlich angeordnete einläufige Treppe wechselt der Flur im Hanggeschoss auf die Südseite und erschließt hier wiederum fünf Achsen der Schlafräume, die je 3,45 Meter breit sind. Punktuell angeordnete Oberlichter über den fünf Türpaaren im Erdgeschoss sorgen für Tageslicht im Flur, geben aber auch zusätzliches Licht für den hinteren Teil im Wohnbereich. Auch über Küche, WC und Bad gibt es ein 12,5 Meter langes Oberlichtband.

Die Wohnräume nach Süden haben alle über raumhohe Türen direkten Zugang zur großen, 4 x 15 Meter messenden Terrasse mit Lärchenholzdielen, an die sich eine Sandkiste anschließt. Fünf in Reihe angeordnete Ahornbäume bilden den räumlichen Abschluss des Freisitzes.

Konstruktion

Der Hauptbaukörper besteht aus Stahlbetonwänden mit einem Schal-Tafelmodul von 0,5 x 2 Meter, die von innen mit Foamglas gedämmt sind. Der auskragende Gebäudeteil für die Nebenräume ruht auf einer Stahlbetonkragplatte. Es ist eine Holzständerkonstruktion mit Gefachedämmung und einer äußeren Schalung aus Lärchenholzlamellen. Alle Innenwände auf der stützenfreien Grundrissfläche sind als nichttragende, doppelt beplankte Gipskartonständerwände mit einer Wandstärke von 12,5 Zentimeter ausgeführt.

Urteil der Wettbewerbsjury

Das Projekt wurde einstimmig mit einem der drei gleichwertigen ersten Preise ausgezeichnet, weil es überzeugend den Beweis antritt, dass sich durch eine auf allen Ebenen innovative Planung, von der Gebäudeform über die Grundrissorganisation bis zum Bauablauf, eine überraschend preisgünstige Architektur erstellen lässt, die nicht auf räumliche Qualitäten verzichten muss, im Gegenteil gerade aus der Reduktion ihren besonderen Reiz erfährt. Bestechend ist die sinnfällige Proportionierung der Gebäudeplastik ebenso wie der Einzelelemente bis ins Detail – innen wie außen.

Gegenüber: Eine abweisende Architektur ist es dennoch nicht, im Gegenteil, sie ist nur auf das Wesentliche reduziert, ihre einzelnen Elemente fordern damit umso größere Aufmerksamkeit heraus und stellen dem Auge Fragen.

Karger geht es kaum – der Eingang von Westen.

– oder die Sinnlichkeit des Einfachen

Nach Süden zeigt sich das Gebäude eingeschossig. Noch bedarf die Fassade des Sonnenschutzes durch die ausstellbare Markise, später werden die vor der Terrasse gepflanzten Bäume die Verschattung übernehmen.

Der Gegenblick mit dem um ein halbes Geschoss abgesenkten Eingang – der Weg in den Wohntrakt führt einige Stufen hinan.

Der Wohntrakt mit der ganz verglasten Fensterfront nach Süden. Die Tür hinten führt auf den Erschließungsgang und in die Küche.

Beide Geschosse werden durch einen langen Flur erschlossen, der die gesamte Gebäudelänge sichtbar macht. Das Licht wird effeltvoll von oben zugeführt.

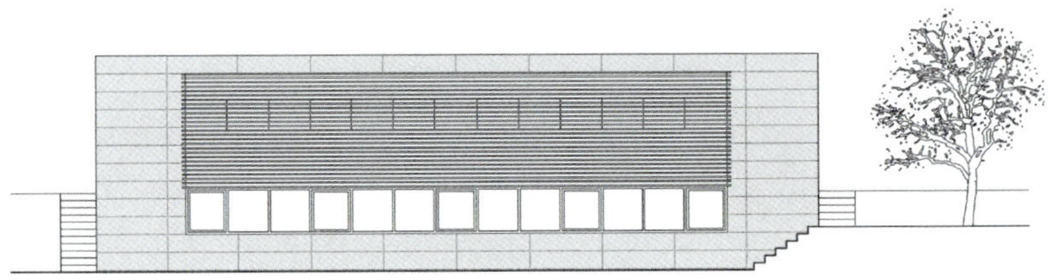

Nordansicht

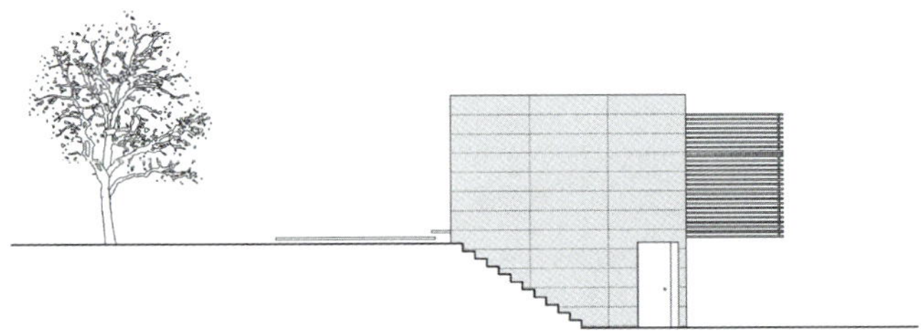

Ostansicht

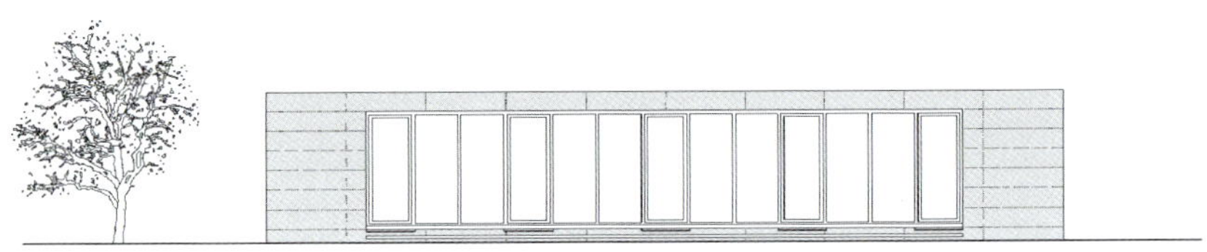

Südansicht

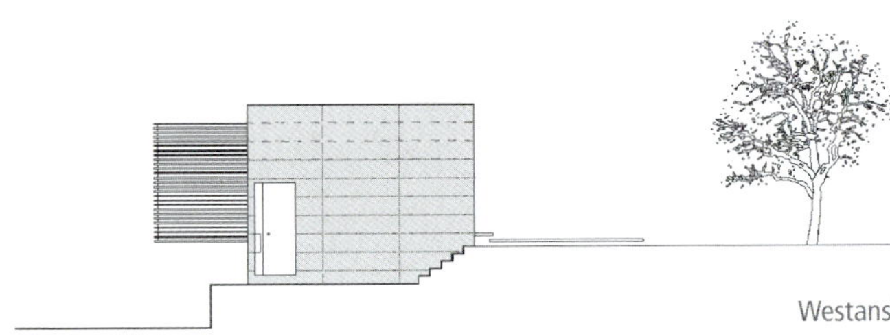

Westansicht

Küche, großer Esstisch und Ausgang zur Terrasse bilden eine lange Blickachse. Geöffnete Türen zwischen Küche und Esstrakt schaffen den funktionalen Bezug, aber auch die Möglichkeit der konsequenten Abtrennung.

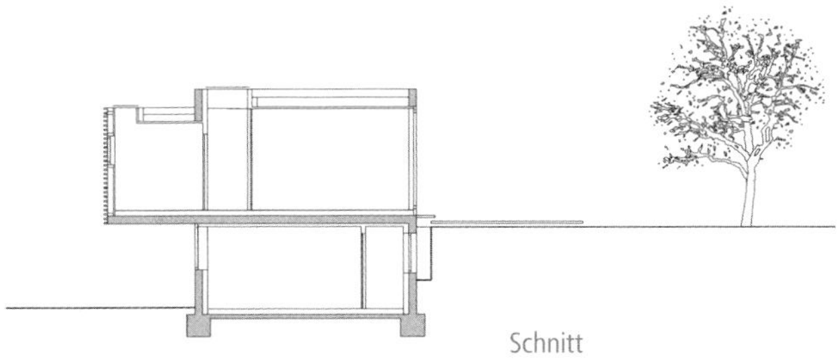

Schnitt

Vita

Mühlich, Fink & Partner
Architekten BDA
Heimstraße 11
D-89073 Ulm

info@mfp-ulm.de
www.mfp-ulm.de

Peter Fink
Dipl. Ing. Architekt BDA

Geburtsjahr:	1963
Studienort:	FH München
Eigenes Büro seit:	1992
Anzahl der Mitarbeiter:	8–12

Arbeitsschwerpunkte
Neubauaufgaben für Ausbildung, Arbeiten, Wohnen, Gesundheitswesen, Wirtschaft, Industrie, Verkehr und Kultur. Mit Machbarkeitsstudien und Entscheidungsmoderation liegt ein Schwerpunkt in der Belebung bestehender, meist denkmalgeschützter Gebäude durch neue Nutzungen.

Arbeits- und Entwurfsphilosophie
»Ebenso wenig wie die Freiheit lässt sich die Architektur von außen auftragen – sie muss von innen her erarbeitet werden.« (Frank Lloyd Wright)

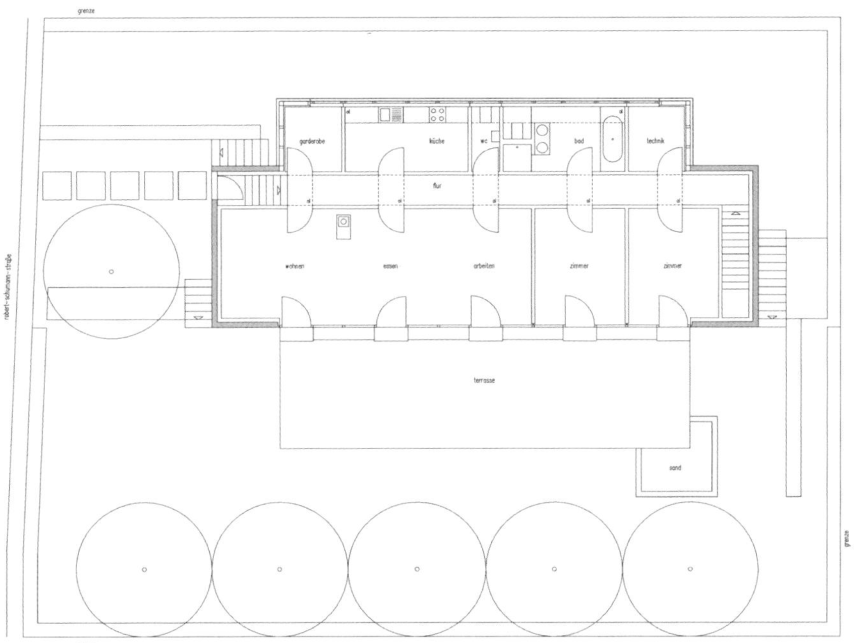

Erdgeschoss

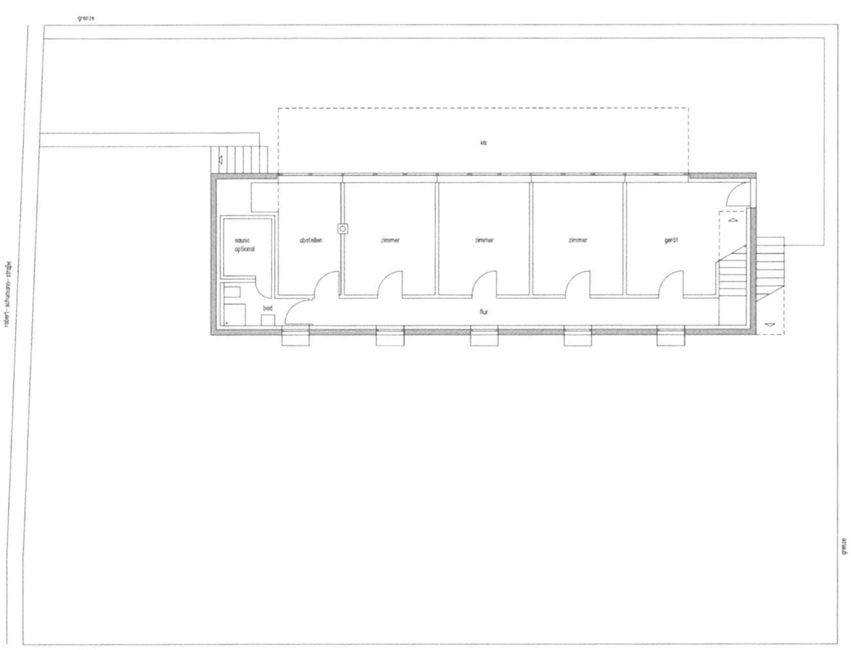

Hanggeschoss

1:300

Daten

Wohnfläche:	194 m^2
Zusätzliche Nutzfläche:	30 m^2 Keller
Anzahl der Bewohner:	4
Grundstücksgröße:	675 m^2
Grundstückscharakteristik:	Bauplatz innerhalb eines Wohngebietes aus den 60er Jahren mit vorhandenem Bebauungsplan
Baujahr:	1998/99
Planungszeit:	9 Monate
Bauzeit:	6 Monate
Baukosten brutto je m^2 Wohnfläche:	€ 1045,–
Baukosten brutto gesamt:	€ 202 500,–
Eigenleistungen:	alle Wärmedämmarbeiten, Gipskartonarbeiten im Untergeschoss
Heizwärmebedarf:	43 kWh/m^2a
Jahresheizwärmebedarf:	14 000 kWh/a

Fotos: Kuhnle & Knödler, Radolfzell

Preisträger der Deutschen BP

bp solar

Gegenüber: Wichtigste Aufgabe im Umgang mit Photovoltaikanlagen ist es, die ästhetischen Konsequenzen in den Entwurf so zu integrieren, dass sie selbstverständliches und stimmiges – nicht fremdes Gestaltungselement werden. Hier wurde diese Forderung konsequent umgesetzt.

Entwurfskonzept

Die Solarsiedlung am Schlierberg in Freiburg ist ein Pilotprojekt für zukunftsweisendes Bauen und Wohnen mit individuell gestalteten EnergiePlus-Häusern in modernster Solararchitektur. Die Solarsiedlung zeichnet sich durch außergewöhnlichen Komfort, hohe Wohnqualität, monatliche Energieeinnahmen bei moderaten Kaufpreisen aus.
Die Siedlung bietet zwei- und dreigeschossige Häuser mit Größen von 75 bis zu 260 Quadratmeter. Sie werden in acht unterschiedlichen Basismodulen angeboten, die flexibel miteinander kombiniert werden können, um die unterschiedlichen Anforderungen und Gestaltungswünsche der Bewohner zu erfüllen.

Energiekonzept

Das Konzept der Solarsiedlung ist eine Weiterentwicklung der Niedrigstenergie- und Passivbauweise und richtungweisend für einen zukünftigen Baustandard, der die Vorteile der Solararchitektur konsequent nutzt. Alle Häuser sind nach Süden ausgerichtet und großzügig verglast. Im Winter hilft die tiefstehende Sonne beim Heizen, im Sommer wird sie durch Balkone und Dach abgeschattet. Die kompakte Bauweise der Häuser, außergewöhnlich gute Wärmedämmung sowie eine aktive Lüftung mit Wärmerückgewinnung reduzieren den Energiebedarf auf ein Minimum von unter 15 kWh/m^2 im Jahr. Die Häuser müssen nur wenige Wochen im Jahr beheizt werden und benötigen lediglich ein Zehntel des Heizenergiebedarfs eines konventionellen Hauses. (Anschluss der Häuser an das Nahwärmenetz der FEW mit Warmwasser-Zwischenspeicher in jedem Haus). Alle Dachflächen der Häuser sind vollständig mit Photovoltaikanlagen ausgestattet, die mit Hilfe der Sonne mehr Strom erzeugen als die Bewohner benötigen. Die Jahresbilanz ist positiv, der Ertrag aus dem Stromverkauf beläuft sich auf etwa € 400,– monatlich je Haus.

Konstruktion

Die Reihenhäuser bestehen aus heimischen Hölzern und wurden in der Werkstatt witterungsunabhängig vorgefertigt. Alle Außenwände erfüllen sowohl die statischen Anforderungen als auch die Brand- und Schallschutznormen. Die Bodenplatte wurde aus Stahlbeton vor Ort gegossen. Die Geschossdecken sind aus massivem Brettschichtholz, auch das Dach ist eine hochwärmegedämmte Holzkonstruktion. Auf der Südseite der Dächer ist die flächendeckende Photovoltaikanlage installiert, die Nordseite ist mit normalen Dachsteinen gedeckt.

Urteil der Wettbewerbsjury

Das Projekt wurde einstimmig mit einem der beiden gleichwertigen Zusatzpreise der Deutschen BP ausgezeichnet, weil es eine konsequente Lösung zur maximalen Sonnenenergienutzung bietet. Die großflächigen Photovoltaikanlagen sind nicht additiv, sondern als funktionales, energetisches Dachelement eingesetzt worden mit dem Ergebnis einer überzeugenden konzeptionellen wie auch gestalterischen Lösung: ein Haus von und für heute mit Planungsansätzen, die im Sinne einer ganzheitlichen Architektur vorbildhaft in die Zukunft weisen.

Das städtebauliche Konzept im Modell – konsequente Ausrichtung aller Häuser nach Süden.

50 EnergiePlus-Reihenhäuser in Freiburg

Das eigene Haus als Kraftwerk

Architekt: Rolf Disch, Freiburg

– die Zukunft der Solarenergie

Die größeren Einheiten sind dreigeschossig. Hier werden die weiten Dachüberstände zusammen mit den Balkonen als Sonnenschutz genutzt. Vor allem aber bieten sie eine hohe Wohnqualität in den Obergeschossen.

Hightech-Elemente und ein fein abgestimmtes Farbkonzept schaffen eine wohltuende Gesamtatmosphäre, die ganz selbstverständlich zusammenklingt.

Es sind heitere 'Wohn-Häuser' entstanden, in denen das bewusste, verantwortungsvolle Leben im Umgang mit den Energieressourcen Programm ist. Dass diese Häuser auch noch Geld verdienen – für jeden einzelnen Eigentümer! – macht ihre Konzeption in vielfacher Hinsicht beispielhaft. Ein solcher Entwurf strahlt in seinem Einfluss positiv auf die Planung von Einzelhäusern ab und das kann jedem Bauherrn nur zum Vorbild dienen.

Die offene Küche ist eine Option – auch konventionellere Lösungen können verwirklicht werden. Ein EnergiePlus-Haus setzt weder im Grundriss noch im Aufriss und der Baukörpergestaltung Grenzen. Eine Kombination aus allen sinnvollen Energiekonzepten schafft ein unerschöpfliches Repertoir für eine energieeffiziente Architektur der Zukunft.

Daten

Wohnfläche:	Durchschnittliche Hausgröße 140 m², wobei die Hausgrößen von 75–260 m² reichen
Zusätzliche Nutzfläche:	Kellerräume unter dem Haus auf Wunsch, zusätzliche Nutzfläche außerhalb der beheizten Hülle als Remise und Garage
Anzahl der Bewohner:	1–6
Grundstücksgröße der Reihenhausanlage gesamt:	6680 m²
Grundstückscharakteristik:	Natur- und City-nahes Baugelände mit kleinen Individualgärten für jedes Haus
Planungszeit:	12 Monate
Bauzeit:	6 Monate je Haus
Baujahr:	1999 (Musterhauszeile) –2002 Ende des 1. Bauabschnitts mit 50 Reihenhäusern
Baukosten je m² Wohn- und Nutzfläche:	€ 1657,–
Baukosten brutto je Durschnittshaus von 140 m²:	€ 184 100,–
Eigenleistungen:	individuell möglich, wie Fliesen-, Maler-, Bodenlegearbeiten sowie Außenanlagen
Heizwärmebedarf:	unter 15 kWh/m²a
Jahres-Energieüberschuss:	durchschnittlich 10 000 kWh pro Haus

Fotos: Bruno Helbling, Zürich

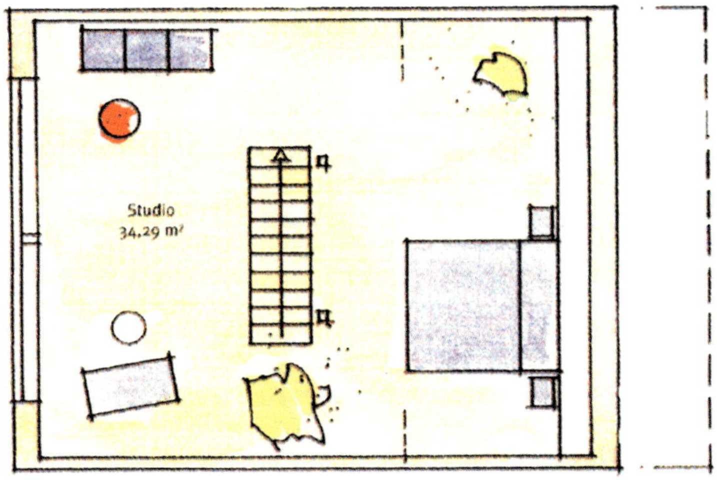

Dachgeschoss

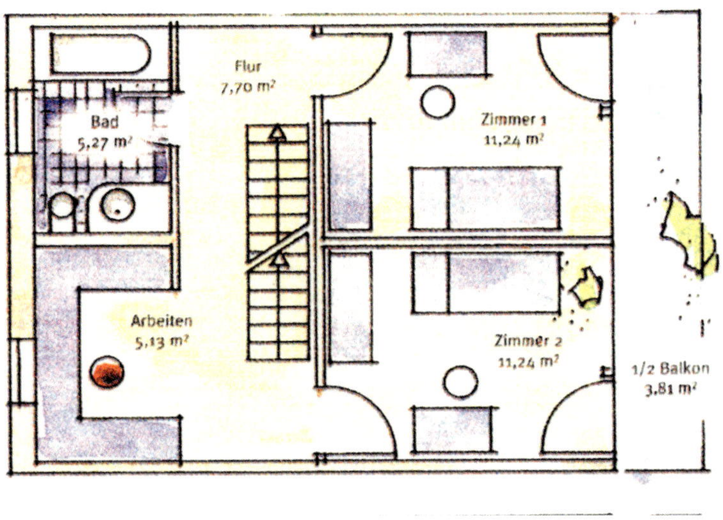

Obergeschoss

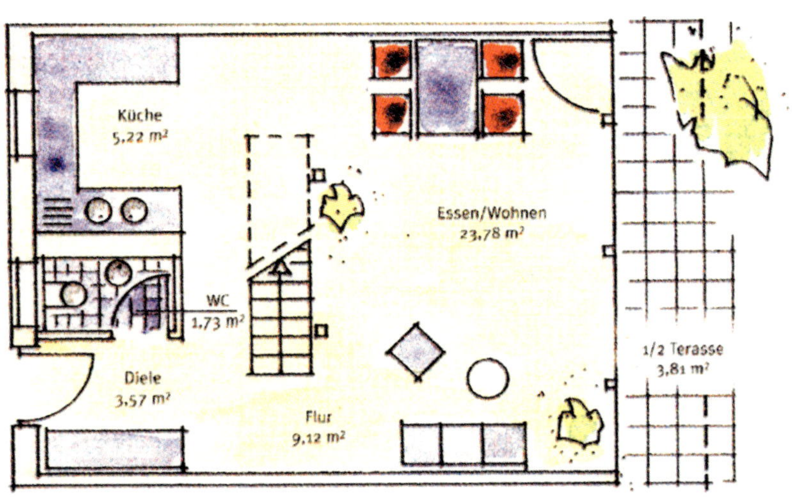

Erdgeschoss

1:100

Vita

Rolf Disch
Architekt
Wiesentalstraße 19
D-79115 Freiburg

info@rolfdisch.de
www.rolfdisch.de

Geburtsjahr:	1944
Studienort:	Bautechnikerschule Freiburg, Fachhochschule Konstanz
Eigenes Büro seit:	1969
Anzahl der Mitarbeiter:	10

Arbeitsschwerpunkte
Innovative Solararchitektur, konsequent ökologisches Bauen
Lehrtätigkeit: 1998–99 Gastprofessur an der staatlichen Hochschule für Gestaltung in Karlsruhe

Eine von vielen Grundrissvarianten der Siedlung.

Preisträger der Deutschen BP

bp solar

Gegenüber: Privat genutzte Einzelhäuser sind sehr viel mehr als reine Wohnunterkünfte – allerdings nur für engagierte Bauherren, die es verstehen, den richtigen Architekten zur rechten Zeit und den rechten Ort zu engagieren. Bauen ist geistige Arbeit, auch für den Bauherrn. Und die Rendite? Freude und tiefe Befriedigung für ein ganzes Wohnleben in einem solchen Haus. Und ein hoher Wiederverkaufswert – überzeugende Architektur hat immer einen Markt!

Ausgangssituation

Das leicht abfallende Grundstück inmitten landwirtschaftlicher Grünflächen ist geprägt durch eine im Norden verlaufende Dorfstraße und ein bestehendes Einfamilienhaus im Süden des Bauplatzes. Für das Gesamtenergiekonzept des Neubaus war es wichtig, den Schattenwurf des bestehenden Hauses im Winter und in den Übergangszeiten zu umgehen, um die Sonneneinstrahlung auch in dieser Zeit nutzen zu können.

Raumprogramm und Architektur

Der Hauptzugang zu dem viergeschossigen Holzbau erfolgt von der Dorfstraße im Norden über einen großzügig überdachten Vorplatz. Von hier aus erschließt sich der Eingangsbereich mit dem im Norden angeordneten Treppenturm, der alle Geschosse miteinander verbindet – auf einen Keller wurde verzichtet. Im ersten Obergeschoss befinden sich Kinder-, Schlaf- und Badezimmer, während die eigentlichen Wohnebenen im zweiten Obergeschoss mit Kochen und Essen liegen und der Wohnraum das dritte Geschoss bestimmt. Jede Wohnebene verfügt über eine vorgelagerte Loggia mit raumhoher Verglasung, wobei auf eine klare Trennung von Innen- und Außenraum wegen der beeindruckenden Ausblicke auf die umgebende Berglandschaft und den Bodensee bewusst verzichtet wurde.

Der klare, grafisch-ästhetische Holzbau mit hohem funktionalen Nutzwert steht wie selbstverständlich als vertikal dominantes Möbelstück zwischen den bestehenden hohen Stämmen der den Bau umgebenden Bäume. Diese Metapher wird auf der nördlichen Treppenturmfassade durch die Baumkantenstruktur auf den Baukörper übertragen. Das Wechselspiel der Fassadenoberfläche – Holz, Glas, Rücksprünge und das technische Element der Photovoltaikanlage – verleihen dem formal reduzierten und minimierten Baukörper eine überzeugende Dynamik, sowohl in der Fassadengrafik als auch in der Gebäudeplastik.

Konstruktion

Der Treppenturm aus Sicht- und Ortbeton ist das statisch bestimmende Element, während die Holzkonstruktion aus weniger als 30 vorgefertigten Elementen besteht, die innerhalb von nur drei Tagen aufgerichtet wurden. Für die gesamte Konstruktion wurde ausschließlich Vollholz verwendet, wobei die Außenverschalung und die inneren Deckenverkleidungen aus Weißtanne bestehen, ebenso die Treppenkonstruktion und der Fußbodenbelag. Als Wärmedämmmaterial dient Thermohanf, 36 Zentimeter stark.

Energiekonzept

Die Warmwasserversorgung und den gesamten Wärmeenergiebedarf übernehmen die Hochleistungs-Vakuumkollektoren auf dem Dach. Die Photovoltaik-Anlage deckt darüberhinaus den Jahresstrombedarf. Über die Förderung des Landes Vorarlberg amortisiert sich die Anlage innerhalb von 14 Jahren. Das Konstruktionsprinzip regelt das Raumklima über die zeitversetzte Abgabe der Wärme und Luftfeuchte aus der Speichermasse.

Urteil der Wettbewerbsjury

Das Projekt wurde einstimmig mit einem der beiden Sonderpreise der Deutschen BP ausgezeichnet, weil der Entwurf in besonders überzeugender Weise auf die schwierige Grundstückssituation eingeht – so, wie es nur eine vom Architekten erarbeitete, individuelle Planung leisten kann. Hervorgehoben wurde die konsequente, ästhetische Formgebung des Baukörpervolumens und der Fassaden, bei der das ästhetische Moment des Photovoltaik-Einsatzes kein Alibi ist, sondern in gelungener Weise Wand-Ersatzbaustoff ist, also nicht additiv, sondern integriert eingesetzt wurde – eine formal gelungene Kombination aus Hightech-Element und regionaler Holzbauweise. Gelobt wurde auch die Art der Konstruktion, der hohe Vorfertigungsgrad, die kurze Bauzeit, das gute Preis-Leistungs-Verhältnis und die hohe Wohnqualität des Gebäudes.

3-Liter-Niedrigenergiehaus bei Bregenz

Innovative Baukunst für

 Architekt: Daniel Sauter, Bregenz

Gegenwart und Zukunft

Unverwechselbar und gleichzeitig herausfordernd selbstverständlich steht es da – Grundstück, Lage und Blickbezüge auf den nahen Bodensee erfordern nun einmal eine ganz individuelle Lösung.

Eine perfekte ästhetische Einbindung stellt die Photovoltaikanlage in der Fassade dar. Sie ist nicht nur technische Notwendigkeit, sondern auch unverzichtbares ästhetisches Element des Entwurfes: Eine neue Technologie hat ihre Ausdrucksform gefunden.

Wie ein Ausrufungszeichen kündet dieses Haus von einer neuen technologischen Zeit – Einfamilienhäuser sind nicht notwendigerweise Energieschlucker, nein, sie können auch Energieproduzenten sein. Welche Chance für das Wohnen im eigenen Haus für Gegenwart und Zukunft!

Der Eingang – schon hier ein ästhetisches Vergnügen, natürlich auch funktional überzeugend gelöst.

Gegenüber oben: Das zweite Obergeschoss ist dem Kochen und Essen vorbehalten. Hohe räumliche Qualität, im Innenraum mit weitem Blick, im Außenraum der Loggia mit direktem Bezug zur Natur. Welches Haus kann so viel bieten bei solchen Baukosten? Ein Wohntraum!

Gegenüber unten: Der Wohnraum als Aussichtskanzel – die Steigerung.

Von Norden wird nur das notwendige Licht bezogen. Die Fassade aus naturbelassenen Brettern wird auch im Inneren sichtbar – sie schützt aber auch gegen unerwünschten Wärmeabfluss durch Konvektion. Architektur ist keine formale Spielerei, sie ist vor allem harte Gedankenarbeit. Sind die Gedanken diffus, ist es auch der Entwurf. Hier klingt alles wie spielerisch zusammen.

Daten

Wohnfläche:	103 m²
Zusätzliche Nutzfläche:	21 m²
Umbauter Raum:	499 m³
Anzahl der Bewohner:	3–4
Grundstücksgröße:	420 m²
Grundstückscharakteristik:	Hanggrundstück mit leichtem Gefälle und Blickbezug auf den Bodensee
Baujahr:	2001
Planungszeit:	6 Monate
Bauzeit:	3 Monate
Baukosten brutto je m² Wohn- und Nutzfläche:	€ 1125,–
Baukosten brutto gesamt:	k.A., da noch nicht endgültig abgerechnet
Heizwärmebedarf:	3 Liter Öl je m²/a
Jahresheizwärmebedarf:	3746 kWh/a

Fotos: Bruno Helbling, Zürich

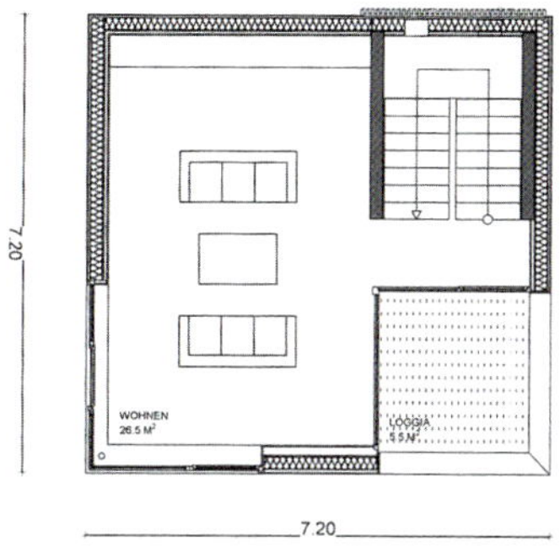

3. Obergeschoss

Vita

K_M Architektur
Dipl. Ing. Daniel Sauter
Büro Bregenz
Seglerweg 1
A-6900 Bregenz

k_m.architektur@aon.at
www.k-m-architektur.com

Büro Lindau
Hochbucherweg 58
D-88131 Lindau

k_m.architektur@aon.at

Geburtsjahr:	1963
Studienort:	Konstanz/Biberach
Eigenes Büro seit:	1992
Anzahl der Mitarbeiter:	3–4

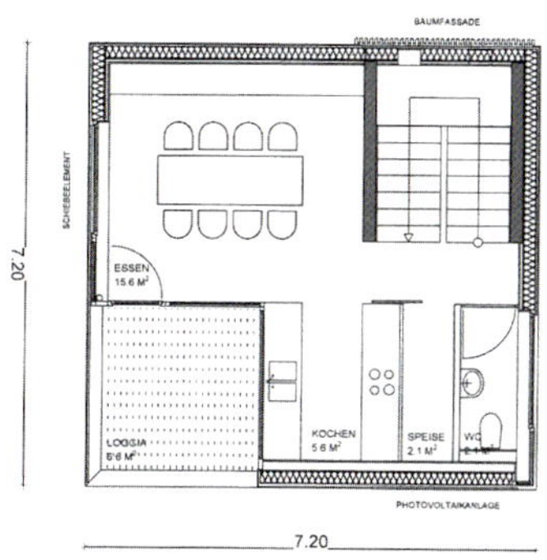

2. Obergeschoss

Arbeitsschwerpunkte

Kostengünstiger Wohnungsbau (Niedrigenergiehäuser), Wohnanlagen, Büro- und Industriegebäude, Kindergärten, Schulen, Bauen in denkmalgeschützter Substanz

Arbeits- und Entwurfsphilosophie

Eine der Umwelt und den Benutzern gegenüber verträgliche Planung mit hohen ethischen Anforderungen. Innovative Lösungen mit größter Aufmerksamkeit für soziale Verantwortung, Verantwortung der Umwelt gegenüber und Bewahrung der Schöpfung. Einsatz von erneuerbaren, nachwachsenden und umweltverträglichen Baustoffen.

Und eine wichtige Botschaft an Kollegen und Bauherren: Um ein innovatives Projekt von der Planung bis zur Fertigstellung wirklich erfolgreich, das heißt qualitativ und kostenmäßig adäquat durchzuführen, bedarf es erfahrener und flexibler Handwerksbetriebe – daher sollen hier die drei wichtigsten Gewerke der Baustelle genannt werden: Oikos, ökologische Energiesysteme, Holzbau Böhler für die Konstruktion und die Firma Sigg, die die Fensterelemente gefertigt und montiert hat.

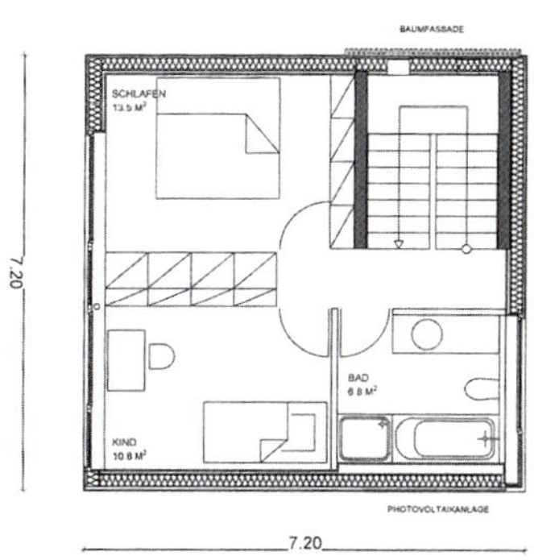

1. Obergeschoss

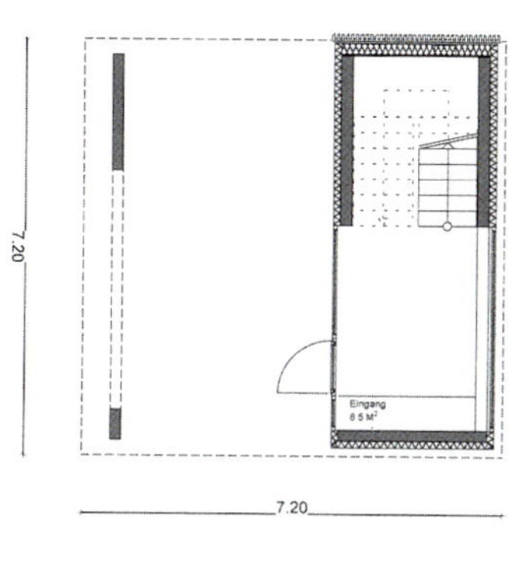

Erdgeschoss

1:200

Auszeichnung

Gegenüber oben: Das transluzente Holzdach der Pergola sorgt für den nötigen sommerlichen Wärmeschutz, gegen unerwünschten Energieeintrag lässt sich der Sonnenschutz herunterfahren – Sonnen-, Wind- und Sichtschutz in einem.

Gegenüber unten: Der reine Holzbau über dem Hanggeschoss birgt auf der Gartenebene den offenen Wohn-Essbereich, in dem ebenfalls voll verglasten Obergeschoss befindet sich der private Schlaf- und Galeriebereich.

Ein zusätzliches, reizvoll erlebbares Raumangebot stellt die große Pergolahülle dar, deren Stützensystem die Raumkanten definieren.

Entwurfskonzept

Der Entwurf des Hauses ist vom architektonischen Konzept des traditionellen, längs zum Hang gestellten Tessiner Wohnhauses abgeleitet und modifiziert worden. Eine mittig angeordnete Treppe in der bergseitigen Nebenraumzone erschließt alle Ebenen der Hausanlage. Zentrum und räumlicher Höhepunkt des Hauses ist der Galeriewohnraum im mittleren Geschoss. Hier werden interressante Blickbeziehungen im Gebäude und nach außen auf die Schwäbische Alb erlebbar. Das Haus ist bewusst nach Südwesten zur Hang- und Aussichtsseite orientiert, da eine erweiterte Ausrichtung durch die eng angrenzende Nachbarbebauung eindeutig geringere Qualitäten aufwies.

Der Zugang zum Haus ließ sich nur von der Talseite aus anlegen, ein Grundstücksnachteil, der durch einen Garagenvorbau als horizontale Zäsur aufgefangen wurde. Auf diese Weise wird der Hauseingangsbereich von der darüberliegenden, süd- und aussichtsorientierten Gartenebene räumlich und optisch getrennt. Eine den Berg hinaufführende Stichstraße erschließt diese überdachte Eingangszone, die seitlich über Garagen und offene Stellplätze verfügt. Dieser Vorbau ist durch ein Podest vor dem Hauseingang und Freitreppen, die in den Garten und zur Veranda führen, vom Hauptgebäude abgelöst. Durch die Ausbildung einzelner Baukörper für die verschiedenen Funktionen des Raumprogramms gliedert sich der Gesamtbau – zur Angleichung an die kleinteilige Nachbarbebauung – in maßstäblich angemessene Einzelvolumen.

Architektur

Auffälligstes äußeres Merkmal des geometrisch bewusst einfach gehaltenen Hauses ist die vollflächige Verglasung der Südwest-Fassade mit der vorgelagerten, pergolagedeckten Veranda und der textilen Verschattungseinrichtung. Diese vergleichsweise aufwändig konstruierten Elemente sind für die architektonische Komposition und die räumlichen Qualitäten des Anwesens im jahreszeitlichen Wechsel von großer Bedeutung. Der Nebeneffekt, dass die räumlichen Grenzen des Gebäudes für den Bewohner insbesonders bei herabgefahrenem Sonnenschutz deutlich weiter wirken als dies der Fassadenumriss vorgibt, ist dabei durchaus beabsichtigt.

Ohnehin bildet die Solarverglasung der Hauptfassade zugleich eine wichtige Voraussetzung für den energiesparenden Betrieb des Gebäudes während der Heizperiode – und die automatisch gesteuerte Verschattungsanlage ist Bedingung für ein kühles Raumklima bei zeitweiligem Überangebot an Sonnenenergie im Sommerhalbjahr.

Konstruktion

Das Sockelgeschoss wurde als Gebäudebasis aus Stahlbeton in den Hang eingepasst. Das sich darüber erhebende Wohnhaus selbst ist aus Holz erbaut – Holzskelett- und Holztafelbauweise mit Massivholz-Deckenelementen und einer Fassade aus Holzfensterelementen. Die Pergola ist eine Stahlkonstruktion. Bei Konstruktion und Fügung der Details wurden Aspekte der Demontierbarkeit und des Recyclings berücksichtigt.

Energiekonzept

Das Niedrigenergiekonzept verbindet alle notwendigen Komponenten zur Vermeidung unnützen Energieverbrauchs. Dazu gehören ein gutes Verhältnis von Hüllfläche zum Gebäudevolumen, eine leistungsfähige Wärmedämmung, ein diffusionsdichtes Hüllsystem, eine kontrollierte mechanische Lüftung mit Erdmassenspeicher-Luft-Wärmetauscher, eine passiv wirksame Solarverglasung mit regelkreis-gesteuerter Verschattung, die thermisch-solare Energiegewinnung über ein Flachkollektorfeld zur Brauchwassererwärmung und die elektrische Energiegewinnung für die Raumlüftungsanlage über ein Photovoltaikmodulfeld. Die darüberhinaus notwendige Energie stellt eine Gas-Brennwert-Heizanlage bereit.

Niedrigenergiehaus in Jebenhausen

Individualität, Kreativität

 Architekt: Joachim Achenbach, Stuttgart

und Innovation

Ein zuätzliches, reizvoll erlebbares Raumangebot stellt die große Pergolahülle dar, deren Stützensystem die Raumkanten definieren.

Das transluzente Holzdach der Pergola sorgt für den nötigen sommerlichen Wärmeschutz, gegen unerwünschten Energieeintrag lässt sich der Sonnenschutz herunterfahren – Sonne-, Wind- und Sichtschutz in einem.

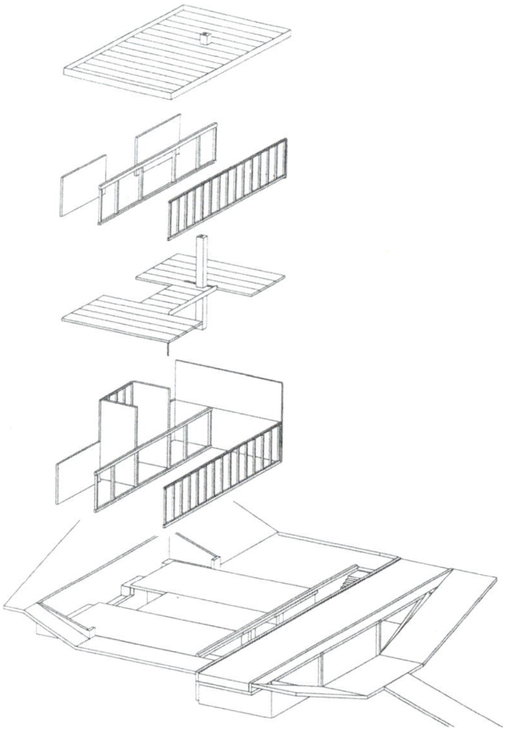

Die Explosionszeichnung verdeutlicht das Gebäudeprinzip mit massivem Sockelgeschoss und aufgesetztem Holzbau.

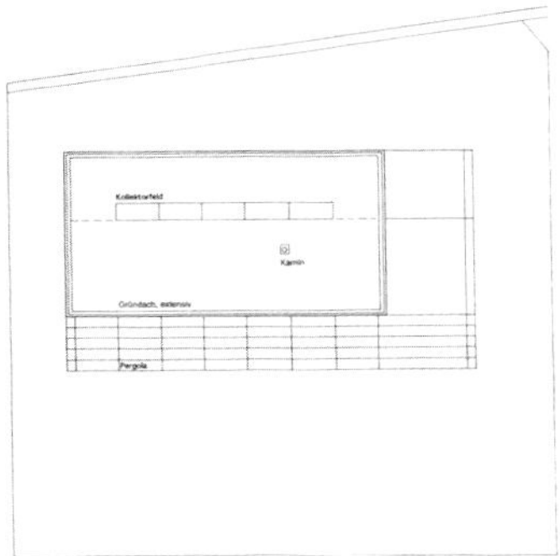

Dachfläche

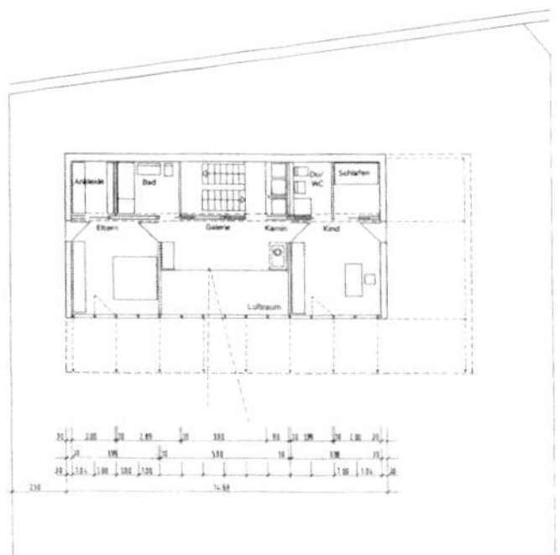

Obergeschoss

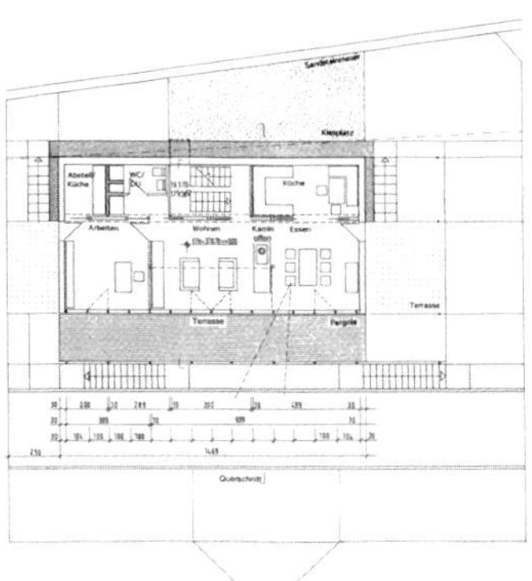

Erdgeschoss

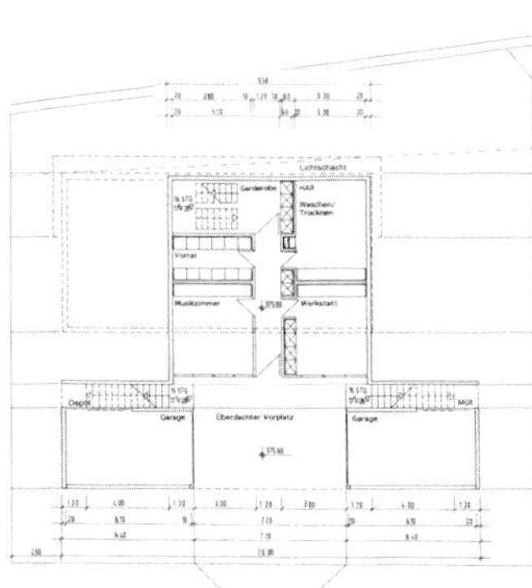

Hanggeschoss

1:300

Vita

Achenbach Architekten + Designer
Mittelstraße 2A
D-70180 Stuttgart

joachim.achenbach@t-online.de

Joachim Achenbach
Freier Architekt

Geburtsjahr:	1960
Studienort:	Universität Stuttgart
Lehrtätigkeit:	1992–99 Universität Stuttgart

In Büro- und Projektgemeinschaft mit

Gabriele Achenbach
Dipl. Designerin

Geburtsjahr:	1959
Studienort:	Hochschule für Gestaltung, Schwäbisch Gmünd

Arbeitsschwerpunkte
Instandsetzungen und Restaurierungen von Bau- und Kulturdenkmälern, Planungen für Neubauten und Altbausubstanz, Forschungs- und Entwicklungsarbeiten für Produkte und Bauteile, Ausstellungsbauten für Fachmessen, Grafik, Illustration und Produktgestaltung

Daten

Wohnfläche:	209 m^2
Zusätzliche Nutzfläche:	79 m^2 im Hanggeschoss + Garage
Anzahl der Bewohner:	3
Grundstücksgröße:	599 m^2
Grundstückscharakteristik:	Südwest-orientiertes Hanggrundstück in zweiter Reihe
Baujahr:	1999/2000
Planungszeit:	10 Monate
Bauzeit:	10 Monate, Januar bis Oktober
Baukosten brutto gesamt:	€ 311 000,– für das Wohnhaus, Sockelgeschoss zusätzlich € 112 500,–
Baukosten gesamt brutto je m^2 Wohn- und Nutzfläche:	€ 1475,–
Heizwärmebedarf:	59 kWh/m^{2}a

Fotos: Holger Hill, Stuttgart

Gegenüber: Die expressive Verschattungskonstruktion mit integrierter Photovoltaik.

Die Ostfassade mit dem vorspringenden Essbereich.

Ausgangssituation

Das Grundstück befindet sich in exponierter, naturnaher Ortsrandlage. Die Erschließung des Gebäudes auf der langgestreckten, Nord-Süd orientierten Streuobstwiese erfolgt über zwei Niveaus, dem oberen dreiseitig geschlossenen Hof mit überdecktem Carport, dem privaten Eingang und dem Zugang zum Gewölbekeller, sowie einer unteren Hofebene, die auf den Haupteingang zuführt.

Entwurfskonzept

Der Baukörper besteht aus klaren Geometrien: einem eingeschossigen »Rückgrat« mit Nebenräumen nach Norden und einem zweigeschossigen Würfel mit unteren Wohn- und oberen Schlafräumen. Verbunden werden die Geschosse durch das runde Treppenhaus, das über eine offene Brücke ins Schlafgeschoss führt. Der Grundriss des Erdgeschosses mit Diele, Ess- und Wohnbereich ist offen gestaltet. Das Treppenhaus führt weiter auf die Dachterrasse, deren Attika zugleich als Konstruktionselement für eine Photovoltaikanlage dient.
Der eingeschossige Gebäudeteil schiebt sich zur Zugangsseite hin aus dem Hang. Durch die Ausnutzung der Topografie sind hier bei einer sichtbaren Gebäudehöhe von 3 Metern zwei Geschosse entstanden, der Eingangsbereich und die darüberliegende Arbeitsgalerie.
Für die Haustechnik wurde dieser Hausteil unterkellert. Kellerersatz und begehbarer Kühlschrank ist der außerhalb des Gebäudes im Hang liegende Gewölbekeller aus Ziegelhalbschalen mit einem betonierten Kellerportal als zusätzliche Klimaschranke.
Die Geländeabfangung erfolgt mit einer Gabionenstützwand in Form einer landschaftstypischen Weinbergs-Trockenmauer. Die anschließende Hofbefestigung aus wassergebundener Decke passt sich farblich an.
Sämtliches Oberflächenwasser aus Dach- und Hofflächen wird in einen 500 Quadratmeter großen Verdunstungs- und Naturteich eingeleitet.

Konstruktion

Die Materialwahl ist auf wenige Prinzipien beschränkt:
- tragende Wände aus Kalksandstein mit reduzierten Wandstärken
- zwei aussteifende zentrale Betonscheiben
- Decken aus Sichtbetonmassivdecken, geschliffen
- Fußbodenaufbau gegen Erdreich 22 Zentimeter
- Nach Süden und Westen zweigeschossige Pfosten-Riegel-Fassade; Multiplex mit 3-fach Verglasung, k-Wert 0,5.
- Flachdächer mit Gefälledämmung 25 Zentimeter, extensive Dachbegrünung
- Außenwandbekleidung Vollwärmeschutz, Dämmstoffsystemstärke 25 Zentimeter

Energiekonzept

Einem optimalen Energieeintrag wurde neben dem ausgereiften haustechnischen System schon mit der Platzierung des Hauses in vollkommen verschattungsfreier Lage der Passivhausfassade nach Süden und Westen Rechnung getragen. Eine dichte Naturhecke entlang der westlichen Grundstücksgrenze mit einer Höhe von 5 Metern hält die Energieverluste durch Wind in der exponierten Lage gering, wobei mit der Konstruktions- und Materialwahl auf eine hohe Wärmespeicherfähigkeit und hohe Winddichtigkeit besonderer Wert gelegt wurde.
Die 2,5 kWp-Photovoltaikanlage ist dem Gebäude auf der Südseite in Form eines Sonnensegels vorgehängt. Die quadratische Gitterstruktur des Paneels wirkt in den Monaten mit steil stehender Sonne als zusätzlicher Sonnenschutz für die Südfassade.
An sonnenarmen Wintertagen übernimmt eine Wasser-Wärmepumpe per Bauteiltemperierung die Heizleistung, im Sommer kann die Wärmepumpe auf Kühlung umgestellt werden. Das Haus wird ganzjährig von einer kontrollierten Wohnraumbelüftungsanlage mit zuschaltbarer Wärmerückgewinnung belüftet, wobei die Außenluft vorgewärmt über ein Erdregister angesaugt wird.

Passivhaus
in Unterfranken

Die Öko-Architektur hat ihre

 Architekten: B & O Concept, Haßfurt

formale Nische längst verlassen

Klare Formen bestimmen die Südfassade, im Hintergrund der gegen Wind schützende Hang.

Der Eingang im Nordwesten mit darüberliegendem Arbeitszimmer.

Die Westfassade mit dem abgewinkelten Eingangsvorbau, links die Ostfassade.

Blick auf die Eingangssituation mit dem Aufgang zur Arbeitsgalerie, daneben der Essbereich mit Ost- und Südorientierung.

Die Südwestecke des großen, transparenten Wohnraumes.

Das runde, interne Treppenhaus mit dem Aufgang zur Dachebene.

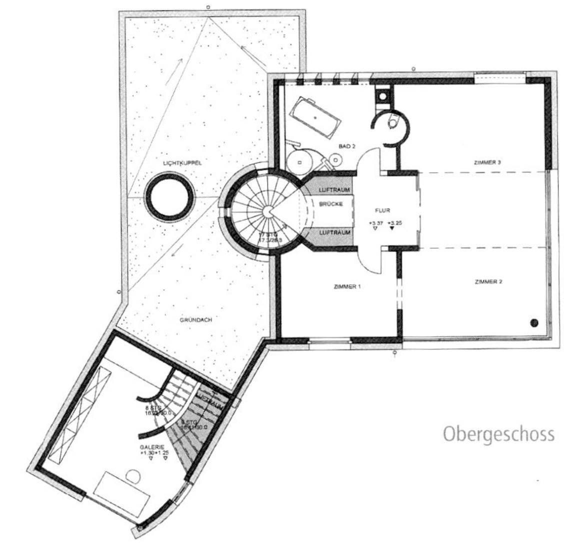

Obergeschoss

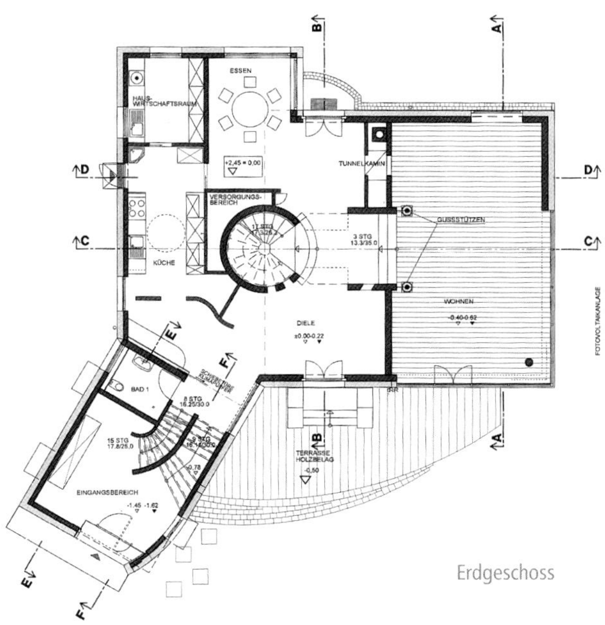

Erdgeschoss

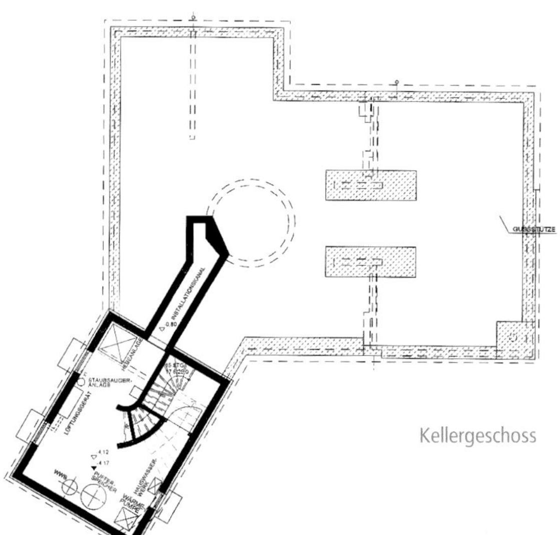

Kellergeschoss

1:300

Vita

B & O Concept
Consulting GmbH für Hochbau, Ingenieurwesen und Umwelt
Susanne Baur
Dipl. Ing. Architektin
Pointstraße 3
D-97437 Haßfurt

postmaster@b-o-concept.de

Geburtsjahr:	1964
Studienort:	Universität Karlsruhe
Eigenes Büro seit:	1996 zusammen mit Dr. Alexander Oehm
Anzahl der Mitarbeiter:	6

Arbeitsschwerpunkte
Objektplanung, Denkmalpflege, Städtebaufördermaßnahmen, Altlastengutachten, Altlastensanierungsplanung, Abfallkonzepte, Großmaßnahmen im Kontext, Schadstoffbeurteilung und -entsorgung

Daten

Wohnfläche:	280 m²
Zusätzliche Nutzfläche:	erdüberdeckter Carport und Unterflurgewölbekeller außerhalb des Hauses
Anzahl der Bewohner:	4
Grundstücksgröße:	4500 m²
Grundstückscharakteristik:	Westhang mit Streuobstwiese am Ortsrand
Baujahr:	2000/2001
Planungszeit:	18 Monate
Bauzeit:	16 Monate
Baukosten brutto je m² Wohn- und Nutzfläche:	€ 1460,–
Gesamtheizenergiebedarf:	Passivhausstandard (reiner Heizenergiebedarf unter 15 kW/m²a)

Fotos: CP-IMAC, Paderborn

Gegenüber oben: Die funktional wie grafisch interessant gestaltete Südfassade mit Schiebeläden als Sonnen- und Einbruchsschutz im Obergeschoss und dem Balkon, der gleichzeitig zur sommerlichen Verschattung des Erdgeschosses dient.

Gegenüber unten: Es ist den Architekten gelungen, der Eingangsfassade im Norden eine elegante Linienführung mit formaler Beständigkeit zu geben – selten genug bei einem Satteldachhaus, aber es geht!

Die inszenierte Wegführung schafft zwei interessante Eingangsbereiche – einen geschützten äußeren und einen großzügig offenen inneren, der noch nichts von der Grundrissorganisation preisgibt.

Niedrigenergiehaus in Asselfingen

Architektonische Raffinesse

Planungskonzept

Der Neubau ist auf die derzeitigen Nutzungsanforderungen einer jungen Familie zugeschnitten, ist aber auch so geplant, dass er zukünftigen Anforderungen im Lebenszyklus der Bewohner gerecht wird.
Das Gebäude stellt sich als auf drei Seiten geschlossener, massiver Mauerwerksbau dar, der sich nur nach Süden zur Landschaft mit unverbaubarem Blick öffnet. Dabei beruht die Gebäudestruktur auf dem Prinzip der Schichtung parallel zu den Höhenlinien des Geländes. Den Rücken im Norden bildet der Serviceblock im Untergeschoss, massive Außenwände fassen das Gebäude ein, wobei energetische Aspekte ebenso wie der Bezug zur umgebenden Landschaft die innere und äußere Organisation bestimmen.

Raumprogramm

Untergeschoss: Serviceblock mit Technik, Waschraum und Lager sowie Wohnraum, Essbereich, Küche, Schlaf- und Gastzimmer, Bad und WC
Obergeschoss: zwei Zimmer, Büro, Galerie, Diele und Bad

Grundriss

Längs der verglasten Südfassade liegen linear angeordnet und in ihrer Qualität gleichwertig die Wohn- und Schlafräume sowie die Küche mit offener Anbindung an den Wohn-/Essbereich. Als Abschluss und Filter vor der Landschaftskulisse dient der an die Südfassade gehängte Balkonrahmen, der mit seinen verschiebbaren Verschattungselementen unterschiedlichste Bildausschnitte kreiert.
Durch Lage und Ausrichtung des nordseitig eingeschnittenen Eingangs werden die privaten Räume von dem offenen Wohn- und Arbeitsbereich getrennt. Eine weitere Achse mit Blickbezug zum Ort bildet der im Westen angeordnete Hof mit dem Gästezimmer, der die Wegbeziehung zum großelterlichen Obstgarten weiter unten am Hang aufnimmt.

Architektur und Konstruktion

Auf dem schlichten, rechteckigen Baukörper liegt – durch eine deutliche Fuge getrennt – die bewusst herausgearbeitete, dem Wetterschutz dienende Dachhaut des im Bebauungsplan geforderten Satteldaches. Die Trennung von bewohnter Hülle und Dachraum wurde durch den Rücksprung im Kniestock erreicht. Die gestalterische Ausformulierung über Material und Farbe unterstreicht diesen Entwurfsgedanken.
Das Streifenfundament und die Bodenplatte bestehen aus Stahlbeton, ebenso die Decken und die Wände im Lichthof. Die 36,5 Zentimeter starken HLZ-Ziegelwände sind tragend ausgebildet und verputzt. Die Südfassade dagegen wurde als selbsttragende Pfosten-Riegel-Konstruktion aus 50 Millimeter starkem Birke-Multiplex ausgeführt, wobei die Fenster aus Holz-Aluminium mit Wärmeschutzglas bestehen.

Energetische Aspekte

Grundidee des Entwurfes war, durch die Ausrichtung des Gebäudes, seine Lage und die Größe der Fensteröffnungen ein Optimum an solaren Energiegewinnen bei minimalem technischem Aufwand zu erzielen. Auf diese Weise konnte auf eine hochgedämmte und hermetisch abgedichtete Gebäudehülle verzichtet werden. Zur Brauchwasser- und Wärmeerzeugung dient ein Gas-Brennwertkessel. Alle Leitungen und Speicher für den späteren Einsatz von Solarkollektoren sind bereits vorgerüstet.
Das gesamte Oberflächenwasser wird zum Verbrauch in einer Zisterne mit Kiesfilter gesammelt.

ist keine Frage der Baukosten

Der Essplatz unter der Galerie mit der optisch leicht konstruierten Treppe, deren Stufen zu schweben scheinen.

Die helle Holzwand nach Süden schafft im offenen Küchenbereich den notwendigen räumlichen Abschluss – für Sichtbezug zum Garten ist dennoch gesorgt.

Gegenüber: Der Treppenaufgang mit Blickbezug zur Galerie schafft willkommene Weite und Großzügigkeit im Erdgeschoss.

Mit den verschiebbaren Sonnenschutzelementen lassen sich die Bildausschnitte selbst inszenieren – und es entsteht eine reizvolle Zwischenzone zum Außenbereich.

Vollkommene Transparenz im Wohnbereich dank perfektionierter Technologie – Glasflächen als Energielieferanten entlasten den Heizetat.

Vita

Biehler-Weith Associated
Building Design Projects
Rosgartenstraße 10
D-78462 Konstanz

office@biehler-weith.de
www.biehler-weith.de

Christoph Biehler

Geburtsjahr:	1965
Studienort:	FH Konstanz und University of Central England

Ralf Heinz Weith

Geburtsjahr:	1969
Studienort:	FH Konstanz und University of Central England
Eigenes Büro seit:	2001
Anzahl der Mitarbeiter:	keine

Arbeitsschwerpunkte
Planerische, gestalterische und organisatorische Tätigkeiten

Arbeits- und Entwurfsphilosophie
Architektur! hat einen Ort und ihre Bewohner

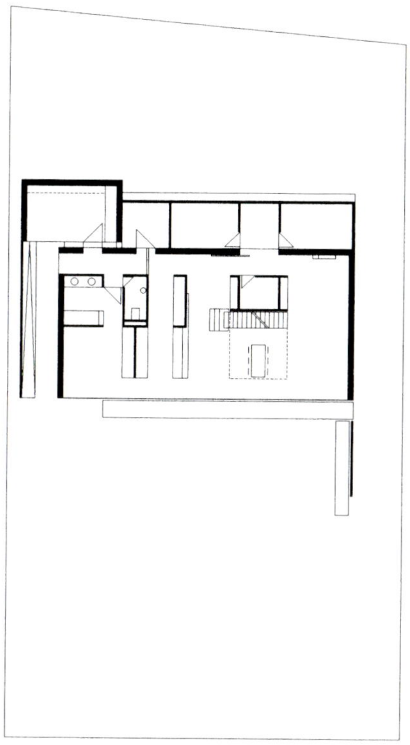

Obergeschoss

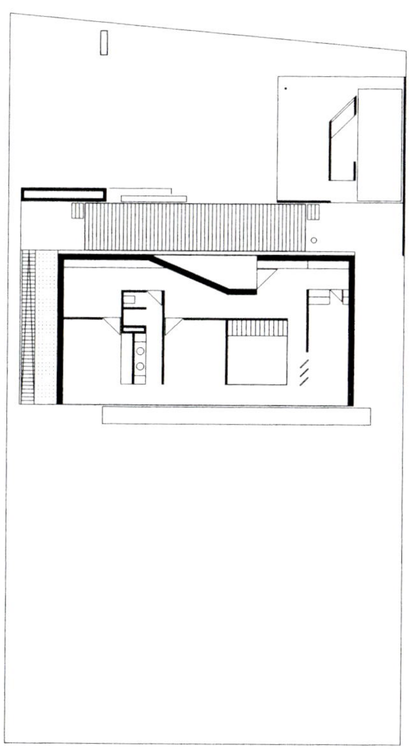

Erdgeschoss

:200

Daten

Wohnfläche:	222,5 m^2
Zusätzliche Nutzfläche:	32,5 m^2 Nebenräume im Untergeschoss, 49 m^2 Garage/Carport
Anzahl der Bewohner:	4
Grundstücksgröße:	782 m^2
Grundstückscharakteristik:	leicht geneigter Südhang am Dorfrand
Baujahr:	1999
Planungszeit:	3 Monate
Bauzeit:	11 Monate
Baukosten brutto je m^2 Wohn- und Nutzfläche mit Garage/Carport:	€ 1066,–
Baukosten brutto gesamt:	€ 326 000,–
Jahresheizwärmebedarf:	59 kWh/m^2a
Summe solarer Energiegewinn:	9202 kWh/a

Fotos: Brigida Gonzalez, Stuttgart

Bauaufgabe

Die Vorgabe der Stadt Stuttgart sah für das Grundstück die Bebauung mit Reihenhäusern vor. In einem offenen Architektenwettbewerb wurde dann aber vorgeschlagen, das Gelände mit 14 Wohnhäusern in Passivhausqualität als Stadtvillen mit je zwei Wohneinheiten zu bebauen.

Raumprogramm und Grundriss

Den Entwurfsansatz bestimmt die gewünschte Flexibilität im Grundriss- und Aufrissangebot für ganz unterschiedliche Nutzungsanfordrungen, wie das Wohnen mit Kindern, die Kombination Wohnen und Arbeiten im Hause (Home Office) und auch das Generationenwohnen. Eine solche Flexibilität wurde mit einer einfachen, nutzungsneutralen Grundrissstruktur ermöglicht, in der es keine tragenden, also festgeschriebenen Innenwände gibt, nur die notwendige Treppe und einen Installationsschacht. Jede Haushälfte bietet wahlweise bis zu sechs Zimmer, wobei die Wohnebenen als neutrale Flächen geplant wurden, die die Hauserwerber dann individuell gestalten und bei veränderten Nutzungsanforderungen auch leicht wieder umbauen können, ohne auf statische Einschränkungen Rücksicht nehmen zu müssen – ein Konzept, das alle Nutzungsvarianten berücksichtigt.

Oben und gegenüber: Gute Architektur ist keine Frage singulärer Effekte sondern planerischer Stringenz: Variation der Gleichartigkeit ist das überzeugende Prinzip nach außen, Flexibilität ist es nach innen. Ein in den zwanziger und dreißiger Jahren meisterhaft angewandtes Prinzip – hier erfährt es die gelungene Renaissance.

Architektur und Form

Die Formensprache der Häuser ist in ihrer Botschaft »klassisch modern«, verzichtet auf jeden modischen Effekt und steht damit für architektonische und werthaltige Langlebigkeit. Das flache Dach ist nicht eine Frage der »Ideologie«, sondern notwendiges bauliches Mittel, das allen Häusern den gewünschten, störungsfreien Ausblick ermöglicht. Dabei sorgen die nach Süden schirmartig auskragenden Dachkrempen für den notwendigen Sonnenschutz, sie sind aber auch charakteristisches Ausdrucksmittel in der Wahrnehmung der Baukörper.

Konstruktion

Die Gebäude stehen auf Einzelfundamenten mit Bodenplatten auf 12 Betonnocken als kontrollierte Wärmebrücken und 20 Zentimeter Wärmedämmung gegen das Erdreich. Die Außenwände wurden in geplanten Modulraster-Großblocks aus 17,5 Zentimeter Kalksandstein mit 35 Zentimeter Wärmedämmung gefertigt, während die Innenwände aus einer schallgedämmten Metallständerkonstruktion bestehen. Betonverbunddecken trennen die Geschosse, das vorgefertigte geneigte Dach aus Leimbindern erhielt eine 40 Zentimeter starke Wärmedämmung mit Gründachbelag.

Energetische Aspekte

- Lückenlose, 25–40 Zentimeter starke Wärmedämmung, Wärmebrücken wurden dreidimensional simuliert und in ihrer Wirkung minimiert
- die fugendichte Gebäudehülle vermeidet unkontrollierte Lüftungswärmeverluste
- Fenstertechnik mit 3-Scheiben-Wärmeschutzverglasung und hochwärmegedämmten Rahmen
- keine gesonderte Heizungsanlage zugunsten der Investition in Wärmedämmung und Wärmerückgewinnung
- eine Lüftungsanlage mit Wärmerückgewinnung sorgt für ständigen Luftaustausch und beste Raumluftqualität
- wirksame Filter befreien die Frischluft von Pollen- und Staubpartikeln – ideal für Allergiker
- Warmwasser wird mit Sonnenkollektoren auf dem Gründach erzeugt
- Restwärmeversorgung für Nachheizung und Warmwasser durch eine elektrische Kleinwärmepumpe, die die Restwärme der Abluft nutzt
- die energetische Qualität des Entwurfs und der Detailausführung wurde simuliert, geprüft und zertifiziert, um das langfristig angestrebte Energiesparziel abzusichern.

14 Passivhäuser als Stadtvillen in Stuttgart

»Wohnen« beispielhaft gelöst

 Architekt: Johannes Brucker, Stuttgart

formal, funktional, finanziell

Grundstücksbedingt unterscheidet sich die jeweilige Gartensituation. Der Solitär jedes Hauses bleibt dabei dominant und damit unverwechselbar – singuläre bauliche Identität trotz formaler Gleichheit des Ensembles. Welche Wohltat für Bewohner und Betrachter!

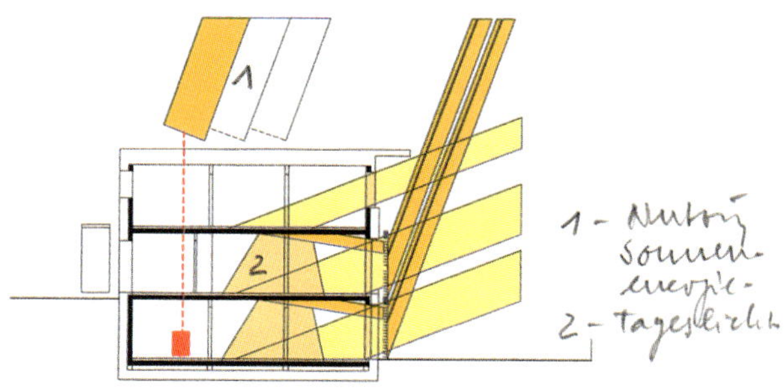

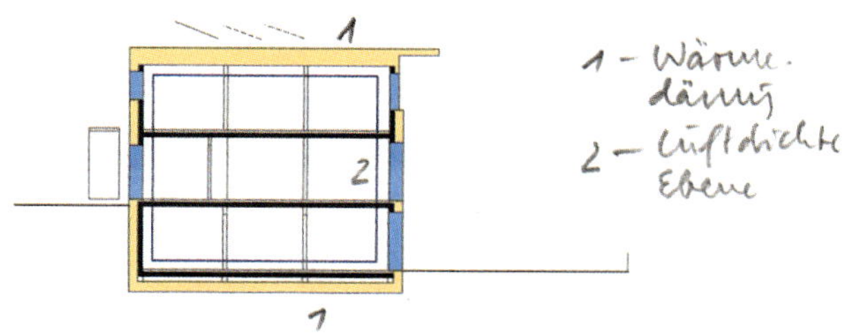

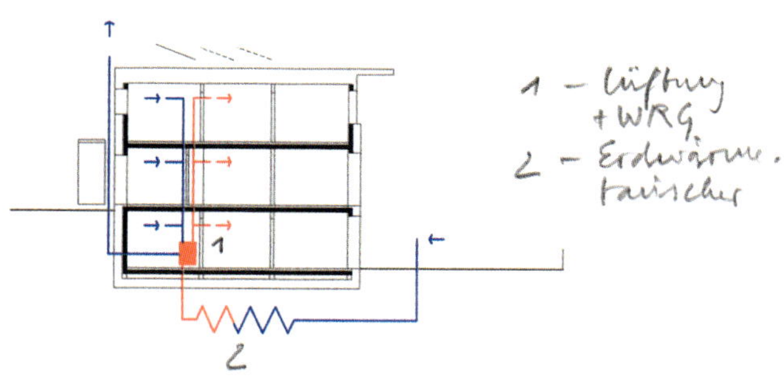

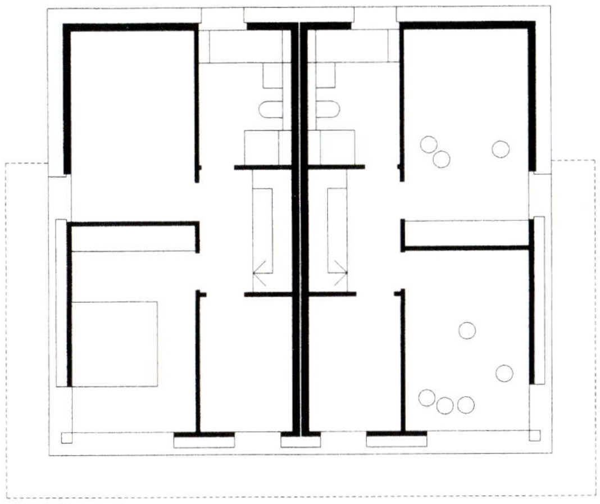

Obergeschoss

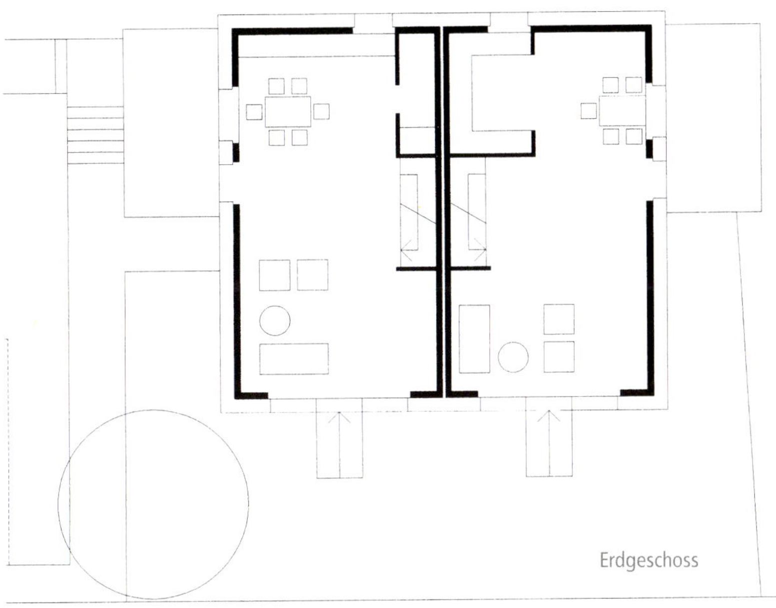

Erdgeschoss

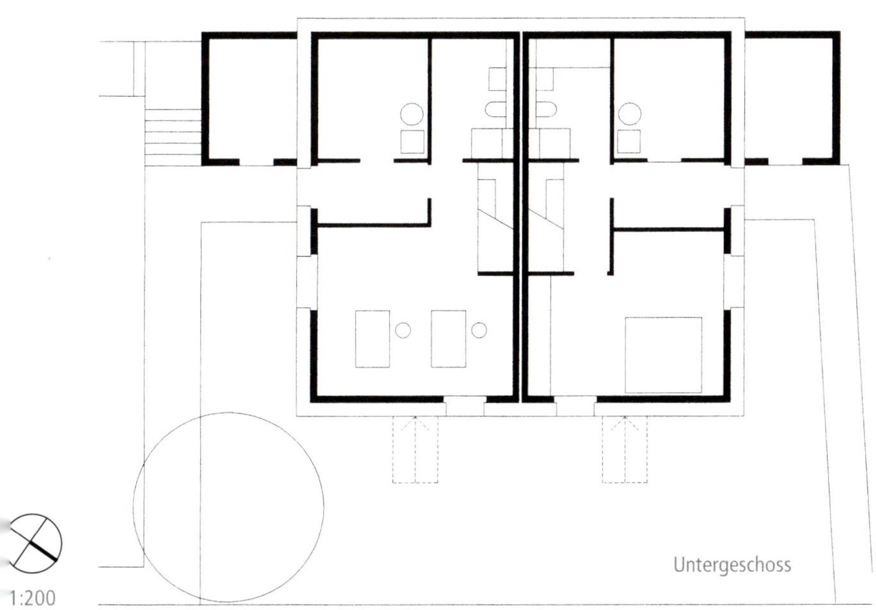

Untergeschoss

1:200

Vita

Brucker.Architekten
Johannes Brucker
Dipl. Ing. Architekt
Triberger Straße 44
D-70569 Stuttgart

Projektleitung: Dipl. Ing. Angelika Fellhauer
Mitarbeit: Dipl. Ing. Peter Lell, Jürgen Groß

Geburtsjahr:	1955
Studienort:	TU Stuttgart
Eigenes Büro seit:	1987
Anzahl der Mitarbeiter:	5

Arbeitsschwerpunkte
Wohnungsbau, Objektbau, Stadtplanung

Entwurfsphilosophie
Architekturqualität mit höchster Energieeffizienz verbinden

Daten

Wohnfläche:	119–129 m² je Haus
Zusätzliche Nutzfläche:	27–31 m² Keller
Anzahl der Bewohner:	4–5 je Haus
Grundstückscharakteristik:	Südhang mit Fernsicht als Randgrundstück der Siedlung »Im Sonnenfeld«
Planungszeit:	3 Monate
Bauzeit:	9 Monate
Baujahr:	1999/2000
Baukosten brutto je m² Wohnfläche:	€ 1000,–
Eigenleistungen:	auf Wunsch Finish im Hausinneren und Einbau von Innenwänden für veränderte Raumaufteilung
Heizwärmebedarf:	14,2 kWh/m²a

Fotos: Martin Duckek Stuttgart (S. 66), Archiv Architekt

Gegenüber: Die weißen Marmorplatten der Gebäudeverkleidung geben der Fassade ein ungleich lebendigeres Licht- und Schattenspiel als eine normale Putzfassade: oben die Ostseite, unten die Südansicht.

Der Eingang des Hauses an der Nordseite mit dem axial angeordneten Vordach.

Niedrigenergiehaus mit Einliegerwohnung in Wiesbaden

Architektur ist Grundlage

Art und Umfang der Bauaufgabe
Es galt, ein großzügiges Einfamilienhaus auf der Grundfläche und der Grundrissstruktur eines vorhandenen Wohnhauses (Vorgabe des Bauamtes) zu errichten.

Gestaltung
Der Kubus integriert die unterschiedlichen Funktionsbereiche des anspruchsvollen Wohnens und Arbeitens einschließlich einer Einliegerwohnung in einem differenzierten und zugleich kompakt wirkenden Baukörper mit klaren Proportionen. Nach Süden und Westen wird das ansonsten würfelförmige Baukörpervolumen durch Loggien und offene Dachterrassen in Rahmen, Balken, Wandscheiben und Stützen aufgelöst. Wandscheiben im Osten, Süden und Westen, die sich aus den Gebäudefluchten herausentwickeln, setzen die beabsichtigte Raumbildung im Inneren nach außen fort, definieren Funktionsbereiche, stützen und strukturieren das Gebäude und verzahnen den Kubus mit dem Außenraum.

Raumprogramm und Grundrisskonzept
Das Erdgeschoss bildet die zentrale räumliche Einheit für das familiäre und gesellschaftliche Leben mit großzügig bemessenen offenen Raumfolgen für Wohnen, Essen, Bibliothek und Kaminzimmer. Einen besonderen räumlichen Akzent bildet die hohe, nach Norden völlig verglaste Eingangshalle mit einer frei eingestellten Treppe auf die Galerie des Obergeschosses. Ein zusätzliches Oberlicht macht die unterschiedlichen Lichtfarben des gesamten Tagesablaufes auch in der Halle erlebbar.
Im Obergeschoss sind nach Süden die individuellen Schlaf- und Arbeitsräume angeordnet, nach Norden die dazugehörigen Bad- und Ankleidebereiche. Eine Spindeltreppe führt auf die Dachterrasse.
Im Untergeschoss befinden sich neben einer von außen zugänglichen Einliegerwohnung und einem zusätzlichen Gästebereich die benötigten Technik- und Hauswirtschaftsräume sowie ein großzügiger Sport- und Fitnessbereich mit Sauna und Dampfbad und direktem Zugang zu den Außenanlagen.
Die Raumübergänge im Inneren sind, wo es die individuellen Bedürfnisse nach Rückzug nicht ausschließen, durch großzügige, zum Teil verglaste Schiebetüren, freie Durchgänge, Höhenunterschiede in allen drei Geschossen, durchgängige Materialien und integrierte Beleuchtung offen und fließend gestaltet. Die Wege durch das Haus sind an jeder Stelle durch Blickbeziehungen mit dem Außenraum verknüpft.
Die fließenden Raumübergänge im Inneren setzen sich auch nach außen fort in Form von großflächigen Verglasungen, überdachten und offenen Terrassen, Wandscheiben, durchgehenden Bodenbelägen und analogen Höhensprüngen.

Materialien
Beim Ausbau wurde in allen Geschossen und in allen Funktionsbereichen ein durchgängig gleich hoher Standard hinsichtlich Materialien und Ausbaudetails gewählt. Dies betrifft insbesondere auch alle Küchen und Bäder. Sämtliche Hölzer im Inneren sind aus dem gleichen Material in gleicher Oberflächenbearbeitung ausgeführt. Im Inneren erhielten die Wände und Decken einen Kalkzementputz, in die Lichtflächen integriert wurden. Der Anstrich erfolgte mit Kalkfarbe.
Die Außenwandverkleidung besteht aus hinterlüftetem weißem Marmor aus Griechenland mit einer gestockten Oberfläche und weißer Verfugung.
Die zurückhaltende einheitliche Materialwahl trägt zur Großzügigkeit und modernen Architektursprache bei. Es entstehen klare reduzierte Räume mit wohnlicher Atmosphäre und maßstäblichen Proportionen.

Fassaden
Die Fassaden spiegeln den ganzheitlichen Grundgedanken des Gebäudes wider. Sie leben vom Zusammenspiel zwischen geschlossenen Baukörperbereichen und den großflächigen Glasfassaden. Vereinzelt gibt es Lochfenster. Die Fassaden reagieren in ihrer Anordnung und Gliederung der offenen und geschlossenen Bereiche individuell auf die jeweilige Grundrisssituation, die gewünschte Einbeziehung des Außenraumes als erweiterter Innenraum und den inszenierten Licht- und Sonneneinfall.

Ökologie, Energie und Umwelt
Das Gebäude ist als Niedrigenergiehaus mit folgenden Ausstattungsmerkmalen konzipiert:
- Hochwertige Außenwanddämmung
- Wärmeschutzverglasung
- Außenliegender Sonnenschutz mit automatischer Steuerung
- Brennwertkesselanlage
- Solaranlage für Brauch- und Schwimmbadwasser
- Gebäudeleittechnik zur Emissionsminderung
- Regenwassernutzungsanlage
- extensive Dachbegrünung

 Architekt: Thomas Dibelius, Hamburg

sinnlichen Erlebens

Zur formalen Raffinesse der Innengestaltung trägt die einheitliche Materialwahl in den Geschossen bei, deren Verarbeitung und Detaillierung auf Langlebigkeit und formale Beständigkeit setzt – Architektur ist eben kein Modeartikel!

Mitte und unten: Der über die gesamte Gebäudebreite reichende Wohntrakt mit dem Höhenversatz im Kaminzimmer. Feuer und Wasser sind die bewusst disparaten Blickpunkte in diesem behaglichen Raum, wobei die Funktion des Wasserbeckens mehrschichtig ist, formal wie inhaltlich: Kuben, Flächen und Räume – innen wie außen – bilden ein formales Geflecht von hohem ästhetischem Reiz mit perfektem Gebrauchswert.

Die Anordnung des Funktionstresens trennt den offenen Essbereich von der eigentlichen Küchenzeile. Der dahinter angeordnete Hauswirtschaftsraum übernimmt dienende Funktionen und entlastet die Küche – wer will schon immer auf Küchengeräte und gebrauchtes Geschirr schauen, wenn er in diesem eleganten Ambiente Gäste bewirtet?

Die Solaranlage für die Warmwasserbereitung ist so weit von der Fassade entfernt auf dem Dach angeordnet, dass sie nicht wahrgenommen wird.

Unten links: Der Seiteneingang zur Einliegerwohnung.
Rechts: Der Treppenaufgang in der Halle im Erdgeschoss.

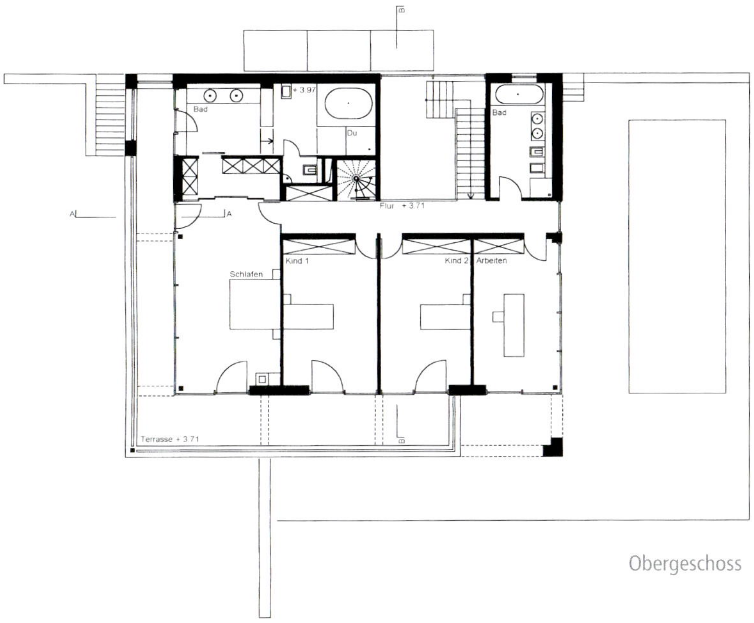

Obergeschoss

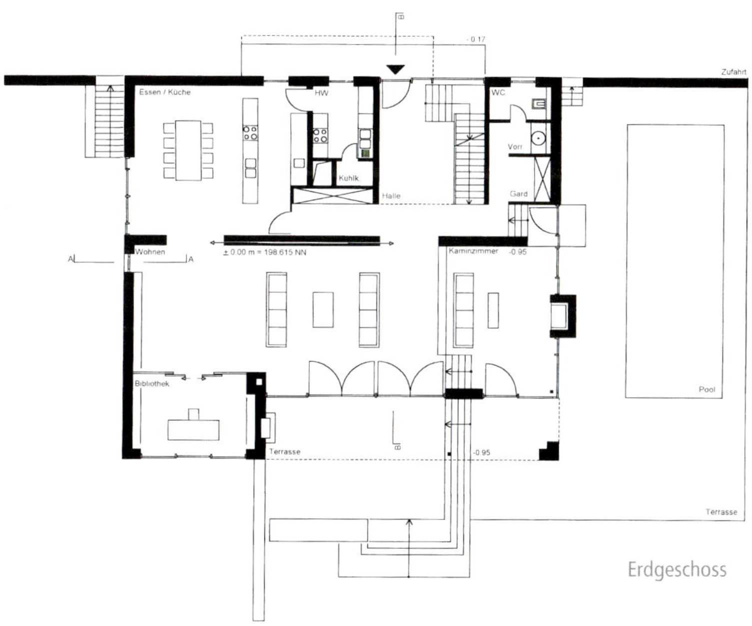

Erdgeschoss

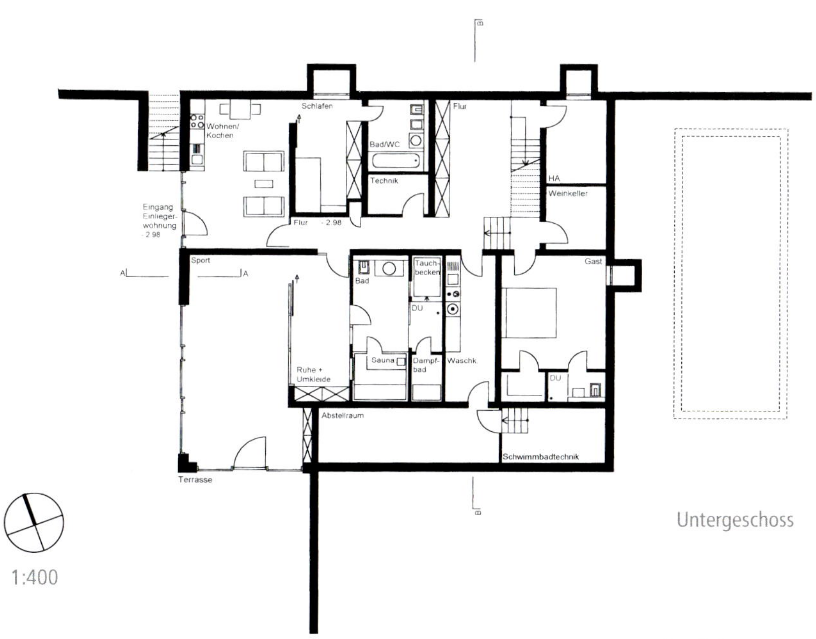

Untergeschoss

1:400

Vita

Dibelius Architekten
Thomas Dibelius
Prof. Dipl. Ing. Architekt
Friedensallee 26
D-22765 Hamburg

Geburtsjahr:	1957
Studienort:	RWTH Aachen
Eigenes Büro seit:	1994
Anzahl der Mitarbeiter:	2–6

Arbeitsschwerpunkte
Einfamilienhäuser, Villen, Stadthäuser, Mehrfamilienhäuser, Geschosswohnungsbau

Arbeits- und Entwurfsphilosophie
Über die vorgegebenen Bedingungen hinausgehende Ziele entwickeln und umsetzen. Ganzheitlichkeit von Funktionen, von räumlicher Qualität, von Gestaltungsanspruch und künstlerischem Ausdruck. Eine Gestalt finden, die das Wesen und die Idee des Gebauten widerspiegelt, sich auf den konkreten Ort bezieht und zugleich die zu erfüllenden Kriterien optimiert integriert.
Bezugnahme auf die Inhalte der Moderne, Weiterentwicklung und Übersetzung in unsere Zeit.
Lehrtätigkeit: Lehrbeauftragter FH Hamburg von 1991–94
Berufung an die Universität GH Siegen für die Lehrgebiete Baukonstruktion, Entwerfen und Wohnungsbau.

Daten

Wohnfläche:	500 m^2
Zusätzliche Nutzfläche:	58 m^2 (Abstellräume im Keller, Fitnessbereich)
Anzahl der Bewohner:	bis zu 6
Grundstücksgröße:	870 m^2
Grundstückscharakteristik:	südorientiertes Hanggrundstück mit weitem Ausblick
Baujahr:	2000/2001
Planungszeit:	12 Monate
Bauzeit:	22 Monate
Baukosten brutto je m^2 Wohn- und Nutzfläche:	€ 3070,–
Baukosten brutto gesamt:	€ 1 530 000,–
Heizwärmebedarf:	59 kWh/m^2a
Jahresheizwärmebedarf:	k.A.

Fotos: Waltraud Krase, Frankfurt

Entwurfskonzept

Das stark einsehbare Grundstück in unmittelbarer Nähe einer mehrgeschossigen Bebauung, die im Norden angrenzt, verfügt über einen schönen alten Baumbestand. Aus dieser planerisch nicht einfachen Ausgangssituation entstand das Konzept eines »Schneckenhauses«, bei dem eine harte äußere Schale den weichen privaten Kern des Hauses schützt, der sich in einer Spiralbewegung erschließt. Vom Carport, einer Mauer folgend, führt der Weg ins Innere, vorbei am Herzen des Hauses, dem geschützten Innenhof mit Außenkamin. Der Zugang für Besucher erfolgt von Norden über den offiziellen Eingang, der auch das separierte Büro erschließt.
Die äußere Schale des Gebäudes aus rauem Lärchenholz weist kaum Öffnungen auf. Nur eine Fensterfront rahmt die Aussicht auf den schönen Baumbestand im Garten zwischen Innenhof und Carport ein. Zum Innenhof selbst zeigt sich die Fassade mit roten Holz-Glas-Paneelen. Sie bilden die innere, weiche Haut des Gebäudes, der den Wohnbereich im Erdgeschoss und den Schlaf- und Galeriebereich im Obergeschoss umschließt.
Das Gebäude ist als Massivhaus auf einer selbsttragenden Bodenplatte in Ziegelmauerwerk mit starker Dämmung und Holzverkleidung ausgeführt, die Decken bestehen aus Beton, im Dachbereich mit zusätzlicher Gefälledämmung und Folienabklebung als Dichtungsebene.

Rechts und gegenüber: Wenn es die Grundstückssituation erfordert, muss die Architektur darauf auch mit einer Schutzfunktion reagieren, nicht mit Stereotypen. Dabei wirkt das Haus keineswegs abweisend, im Gegenteil. Das kleine Ensemble erfreut das Auge durch hohe formale Qualität – Wohnlichkeit ohne falsche Gemütlichkeit.

Energiekonzept

Das Niedrigenergiehaus verfügt neben den üblichen Standards über Sonnenkollektoren auf dem Dach, die der Warmwasserbereitung (68 Prozent) und zur Heizungsunterstützung (8 Prozent) dienen. Die 7,4 Quadratmeter Absorberfläche sparen fast 300 Kubikmeter Erdgas ein, was zu einer Vermeidung von 565 Kilogramm CO_2-Emissionen führt. Ein Solarbrennwertkessel mit hohem Wirkungsgrad, geringen Wärmeverlusten und einfacher Regelungstechnik dient als Energiezentrale für die Heizung. Aufgrund des geringen Energieverbrauchs fällt das Gebäude unter die Förderrichtlinien der Stadt München und erhält € 2550,– für den Niedrigenergiestandard, € 1022,– Zuschuss für die Solaranlage und acht Jahre lang € 460,– im Rahmen der Eigenheimzulage.

Niedrigenergiehaus in München

Stringentes Konzept mit

Architekten: Andreas Meck, Stephan Köppel, München

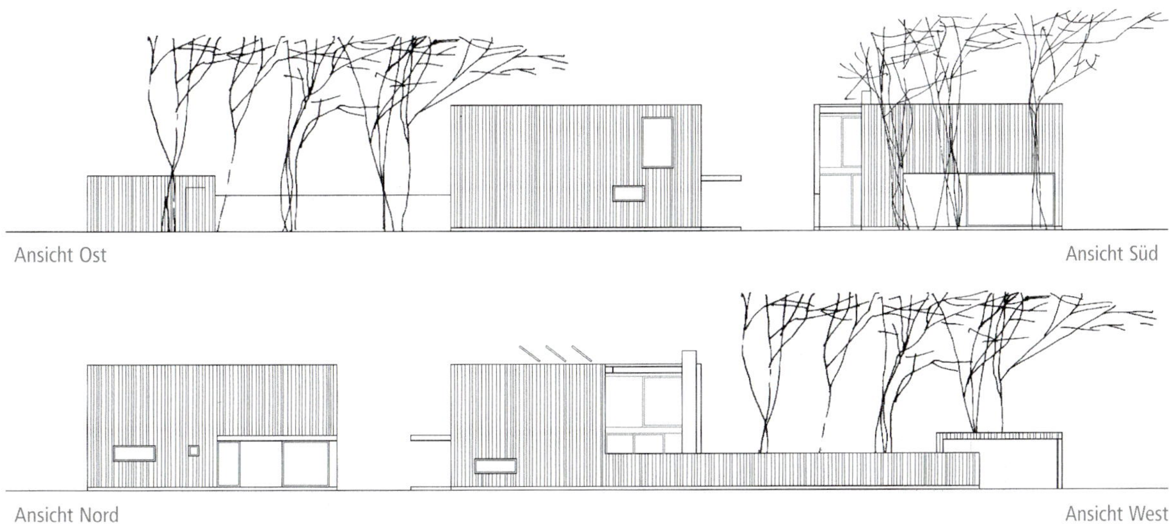

hohem Wohnwert

Der Innenhof zwischen Carport und Gebäude dient mehr als optisch räumliche Erweiterung des Atriums, nicht als Garten – den beeinträchtigt die bauliche Umgebung zu sehr.

Gegenüber: Das introvertierte Konzept des Hauses ist klar und konsequent. Gartenersatz ist das kleine Atrium, dessen Farbigkeit die Assoziation von Blumen und verfärbtem Laub anregt.

Daten

Wohnfläche:	148 m²
Zusätzliche Nutzfläche:	42,5 m² Keller, 18,5 m² Geräteraum, Carport
Anzahl der Bewohner:	4
Grundstücksgröße:	627 m²
Grundstückscharakteristik:	Bauplatz in einem Wohngebiet mit angrenzenden mehrgeschossigen Häusern
Baujahr:	1999
Planungszeit:	11 Monate
Bauzeit:	7 Monate
Baukosten brutto je m² Wohn- und Nutzfläche:	€ 1227,–
Baukosten brutto gesamt:	€ 294 000,–
Heizwärmebedarf:	60,3 kWh/m²a
Jahresheizwärmebedarf:	11 020 kWh/a

Fotos: Michael Heinrich, München

Vita

Meck Architekten
Prof. Andreas Meck
Dipl. Ing. Architekt BDA
Kellerstraße 39
D-81667 München

Mitarbeit: Stephan Köppel, Dipl. Ing. Architekt
Susanne Frank, Christian Summer

office@meck-architekten.de
www.meck-architekten.de

Geburtsjahr:	1959
Studienort:	TU München, Diplom 1985
Eigenes Büro seit:	1989
Anzahl der Mitarbeiter:	6–8
Lehrtätigkeit:	Lehrauftrag an der FH München 1994–98
Seit 1998:	Professor für Entwerfen und Baukonstruktion an der FH München
Von 1998–2000:	Büropartnerschaft mit Stephan Köppel
Seit 2000:	Meck Architekten

Arbeitsschwerpunkte
Öffentliche Bauten, Wohnungsbau, Städtebau

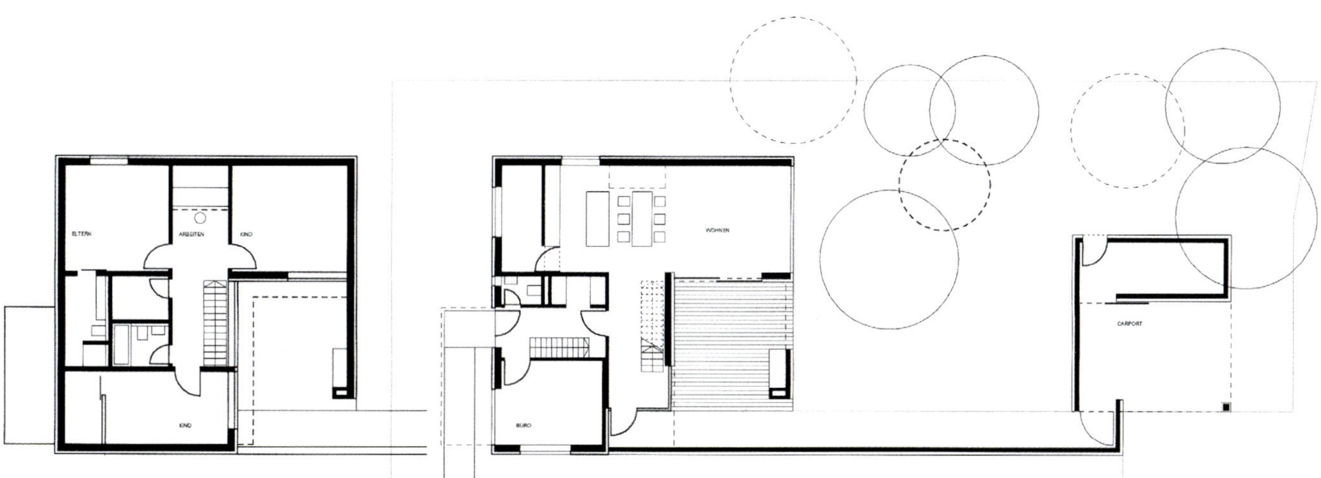

Obergeschoss

Erdgeschoss

1:300

Entwurfskonzept
Das Untergeschoss wurde als massives Sockelgeschoss in den Hang geschoben. Darüber entwickelt sich das Wohnhaus im Südwest Bereich als eingeschossiger Baukörper in Massivbauweise, im Südost-Teil als quergestellter zweigeschossiger Baukörper mit zweischaliger Wand und Außenhaut aus Holz.
Die L-Form des Gebäudes ermöglicht die Anlage einer großzügigen, geschützten Terrasse im Süden. Durch die schmale Ausbildung des Baukörpers im Südwestflügel wird der Hauptwohnbereich sowohl nach Südosten zur Terrasse, als auch nach Nordwesten mit Blick ins Tal orientiert.
Die Erschließung des Hauses erfolgt über das Untergeschoss, wobei der Hang in diesem Bereich leicht abgegraben wurde, um die Zufahrt und den Zugang zum Gebäude zu ermöglichen. Sonst blieb der natürliche Geländeverlauf weitgehend erhalten.

Gegenüber oben: Der winkelförmige Erdgeschossbereich dient dem Wohnen mit direktem Naturbezug – hier zeigt sich die Fassade in dienender Funktion.

Gegenüber unten: Die Öffnungen wurden aus energetischen Gründen in der Nordfassade auf ein Minimum reduziert, ohne dabei allzu nüchtern zu wirken.

Grundriss
Das Gebäude ist im Erdgeschoss mit einem offenen Grundriss konzipiert, der sich im Bereich der beiden Treppenläufe über die gesamte Haushöhe erstreckt und den Eingangsbereich im Untergeschoss ebenso wie die Arbeitsgalerie im Obergeschoss einbezieht. Die Wohnebene im Erdgeschoss wird durch die Kaminwand zwischen Ess- und Wohnbereich sowie die Kochinsel und Theke zur Küche gegliedert, den anderen Gebäudeteil bildet der abgeschlossene Kindertrakt mit eigenem Bad. Als Rückzugs- und Arbeitsbereich dient das Obergeschoss mit zwei Schlafräumen und der Galerie.

Konstruktion
Sockelgeschoss und eingeschossiger Wohntrakt wurden in Poroton, d = 36,5 Zentimeter, ausgebildet, der zweigeschossige Baukörper erhielt eine statische Hülle aus Hohl-Loch-Ziegel-Mauerwerk, d = 24 Zentimeter, mit einer 10-Zentimeter-Außendämmung aus Zellulose, die mit einer horizontalen Holzverschalung aus sibirischer Lärche verkleidet wurde.

Energiekonzept
Der Niedrigenergiestandard des Hauses wurde durch die Komponenten hochwertige Dämmung und Einsatz der Fensterflächen nach Süden zur Energiegewinnung erreicht, während die Gebäudehülle nach Nordosten nur wenige notwendige Öffnungen aufweist. Auf den Einsatz zusätzlicher energiesparender technischer Geräte wurde verzichtet. Als Heizsystem dient im gesamten Haus eine Fußbodenheizung, die durch einen Brennwertkessel betrieben wird. Der große Hauptwohnraum kann zusätzlich durch einen Kaminofen beheizt werden.

Eine ausgewogene Kubatur mit angenehmen Proportionen, ohne falsche Symmetrieangebote zeigt, welche formale Kraft moderne Architektur haben kann – eine Frage der Kosten ist es nicht, wie auch dieses Projekt zeigt.

Niedrigenergiehaus in Salz/Franken

Architekturverständnis

 Architektin: Lisette Oberleitner, Frankfurt

auf hohem Niveau

Die leicht schräg in den Grundriss gestellte Treppe gibt den Blick auf den Essbereich frei – ein geschickter Entwurfsgedanke, der die strengen Formen des Hauses aufbricht.

Der große Kaminblock separiert den offenen Wohnbereich vom Essplatz mit Zugang zum Garten.

Unten links: Der erhöhte Tresen schirmt den Arbeitsbereich in der Küche optisch ab – ebenso wie der Treppenantritt, der etwas vorgezogen die Aufmerksamkeit von der offenen Küche ablenkt.

Unten rechts: Das Bad im Obergeschoss schafft mit einfachen Details eine freundliche Atmosphäre in bewusst konkurrierender Farbigkeit und Materialität.

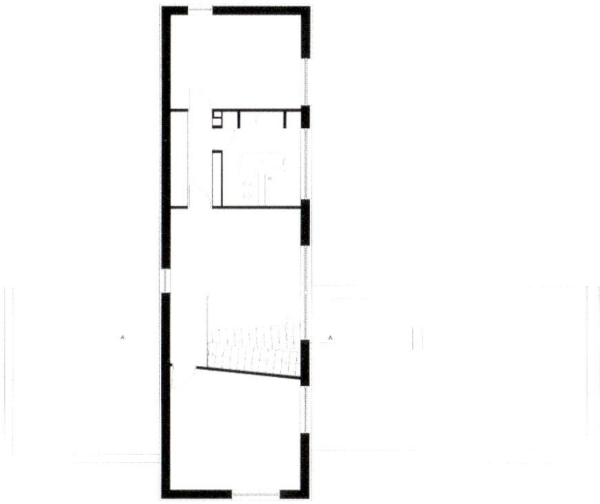

Obergeschoss

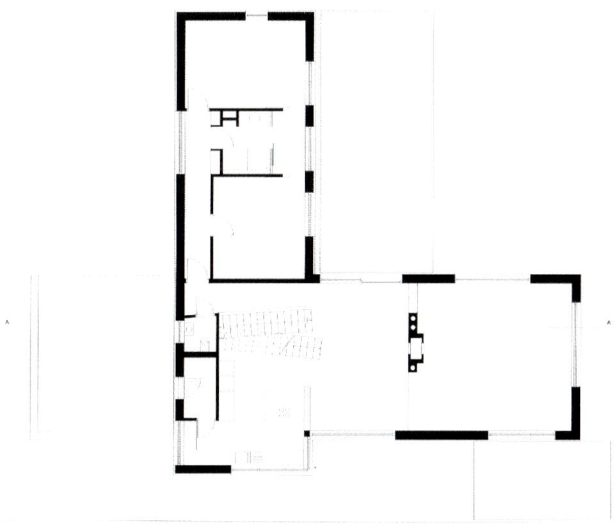

Erdgeschoss

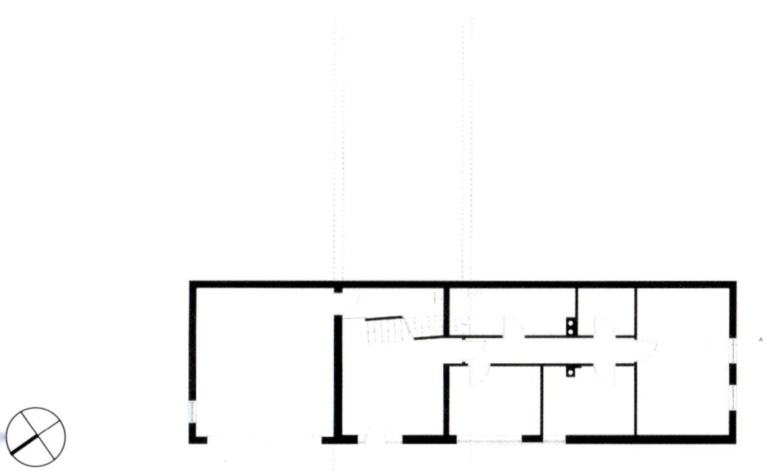

1:300

Untergeschoss

Vita

Lisette Oberleitner
Dipl. Ing. Architektin
Eschersheimer Landstraße 61–63
D-60322 Frankfurt am Main

lisetteoberleitner@web.de

Geburtsjahr:	1969
Studienort:	Staatliche Hochschule für bildenden Künste – Städelschule, Frankfurt
Eigenes Büro seit:	1999
Anzahl der Mitarbeiter:	k.A.

Arbeits- und Entwurfsphilosophie
Architektur entwickelt sich aus dem jeweiligen Ort, der Funktion, den Menschen, der Zeit und wird Gestalt, um zu leben und gelebt zu werden.

Daten

Wohnfläche:	232 m²
Zusätzliche Nutzfläche:	95 m² (Gästezimmer und Abstellräume im Keller, Garage)
Anzahl der Bewohner:	4
Grundstücksgröße:	1987 m²
Grundstückscharakteristik:	Hanggrundstück in einem gewachsenen Baugebiet
Baujahr:	2000
Planungszeit:	6 Monate
Bauzeit:	10 Monate
Baukosten brutto je m² Wohn- und Nutzfläche:	€ 940,–
Baukosten brutto gesamt:	€ 307 000,–
Heizwärmebedarf:	61,94 kWh/m²a
Jahresheizwärmebedarf:	19 257 kWh/a

Fotos: Eike König, Lisette Oberleitner, Frankfurt

Gegenüber oben: Die Solaranlage als Wandfläche – wie hier – oder als Dachfläche ersetzt herkömmliche Bautoffe. Das wird die Zukunft dieser großflächigen Anlagen sein, additive Anlage sind schon jetzt auf dem Rückzug. Der Gebäudeästhetik tut es nur gut.

Gegenüber unten: Die Symmetrie der Eingangsfassade wird kühn durch den Versatz der Schiebeelemente aufgebrochen – Schmunzeln erlaubt.

Schnörkellos steht die wohlproportionierte Nordfassade ohne jede Fensteröffnung in der Natur – eine Form, wie sie auch in landwirtschaftlich genutzten Gebäuden gebräuchlich und damit vertraut ist.

Entwurfskonzept

Ein Haus im Schwarzwald ist nicht zwangsläufig mit einem Schwarzwaldhaus gleichzusetzen. Hausformen und -nutzungen haben sich längst geändert. Die ökonomischen und ökologischen Bedingungen sind unter anderen Vorzeichen jedoch gleich geblieben.

In der Mitte des Hauses gibt es einen steinernen Teil: Für die Kühle im Sommer mit der angenehmen Durchlüftung von Ost nach West, wenn die großen Schiebefenster offen stehen – und für die Speicherung der Wärme in den kalten Jahreszeiten.

Diese »Tenne« ist der urbane Raum für die Familie mit allen Freunden, dem abendlichen Hock zwischen den angrenzenden Zimmern der Kinder, der Ess- und Wohnküche, dem Arbeitsraum im Obergeschoss, mit Gastzimmer und Schlafraum. Die angelagerten Hausteile sind in Holz konstruiert, aus guten Gründen: der Ökonomie, der guten Wärmedämmung und der heimeligen Atmosphäre wegen. Im Neuen wohnt das Alte – ist es doch ein Schwarzwaldhaus?

Konstruktion

Das einfache, schmale Gebäude ist in Ost-West-Richtung auf dem Grundstück platziert. Die Konstruktion ist ab dem Untergeschoss in Holzrahmenbauweise ausgeführt. Die »Halle« ist aus Sichtbeton und dient der Wärmespeicherung. Die Dachkonstruktion ist ebenfalls aus Holz, wobei die Dachschrägen dem Rauminneren zugeordnet wurden.

Während die seitlichen Wohnräume nur schmale Fensterausschnitte haben, ist die Halle mit großen Schiebefenstern ausgestattet, die vor der Fassade angeordnet sind. Damit bietet die Halle einen Loggiaersatz. Der Freisitz selbst vor dem Haus ist wegen des ständigen Windes – das Haus liegt 860 Meter über NN – nur selten zu nutzen.

Energetische Aspekte

Das Gebäude ist auf der Südseite mit einem Sonnenkollektor für Warmwasser ausgestattet. Der Flachkollektor ist bündig wie ein großes Fenster in die Holzfassade eingebaut. Er versorgt das Gebäude mit Energie für die Heizung und das warme Wasser. Die Restenergie im Winter, wenn die Sonne für die Versorgung des ganzen Hauses nicht mehr genügend Strahlungswärme bereitstellt, wird über einen kleinen Holzofen erzeugt. Je nach Strenge des Winters beträgt der Verbrauch zwischen 6 und 8 Festmetern Brennholz, das die Familie während des Sommers ohne großen Aufwand selbst bereitstellt. Die Unterhaltskosten für Heizung und Wasserbereitung belaufen sich auf etwa € 1,55 pro Quadratmeter und Jahr, was einem 3-Liter-Haus mit Ölversorgung entspricht.

3-Liter-Niedrigenergiehaus in Bonndorf

Reduktion als architektoni

 Architekt: Günter Pfeifer, Freiburg

sches und energetisches Konzept

Oben: Der Galerieumgang
im massiven Teil des Hauses.

Unten: Der skulpturale Block
aus Windfang und Treppe.

Oben: Volumen schafft im
Obergeschoss der den Zimmern
zugeordnete Dachraum.

Unten: Die Nähe zur Schweiz
zeigt sich auch in der Entwurfs-
und Nutzungsauffassung der
Küche: ein offener Kommando-
stand als integraler Teil der
Wohnküche.

Vita

Prof. Günter Pfeifer
Dipl. Ing. Architekt
Seit 1.1.2001 Pfeifer Roser Kuhn
Freie Architekten
Gartenstraße 19
D-79098 Freiburg

PfeiferFreiburg@gmx.de

Geburtsjahr:	1943
Studienort:	Kassel
Eigenes Büro seit:	1975
Anzahl der Mitarbeiter:	6
Lehrtätigkeit:	seit 1992 Ordentliche Professur für Entwerfen und Hochbaukonstruktion an der TU Darmstadt. Seit 1999 Leiter der Sommerakademie »ZukunftsWerkstatt Wohnen« der Wüstenrot Stiftung

Arbeitsschwerpunkte
Wohnungsbau, Industriebau, Bauten für Kultur, energieeffizientes Bauen

Arbeits- und Entwurfsphilosophie
Die Architektur muss von Einfachheit und Reduktion geprägt sein. Atmosphärische Dichte entsteht in einer intensiven Interaktion mit dem Bauherrn.

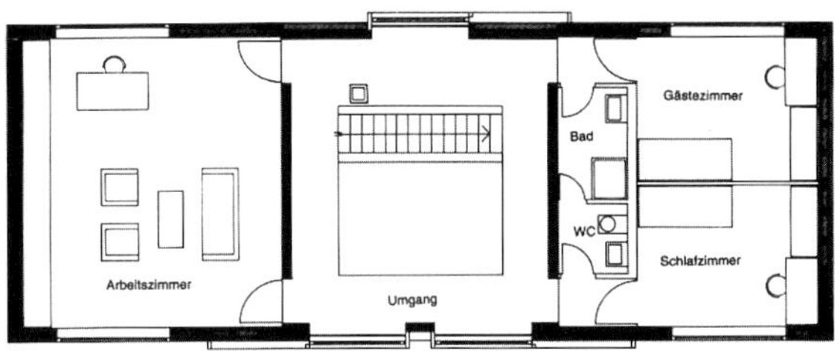

Obergeschoss

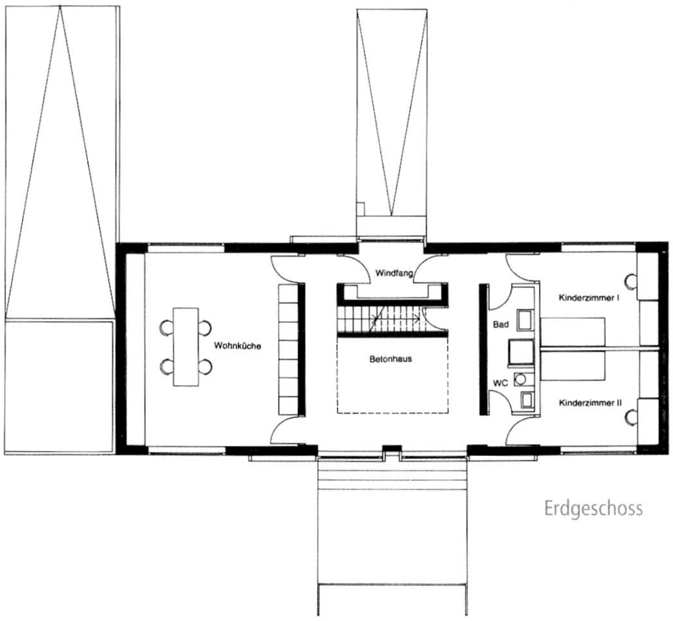

Erdgeschoss

1:300

Daten

Wohnfläche:	184 m²
Zusätzliche Nutzfläche:	36 m² (Heizung, Hausanschlussraum, Holzlager, Garage)
Anzahl der Bewohner:	4
Grundstücksgröße:	700 m²
Grundstückscharakteristik:	leichte Hanglage am Ortsrand in einem Neubaugebiet
Baujahr:	1999
Planungszeit:	12 Monate
Bauzeit:	9 Monate
Baukosten brutto je m² Wohn- und Nutzfläche:	€ 1125,–
Baukosten brutto gesamt:	€ 248 000,–
Heizwärmebedarf:	3–4 Liter Öl pro m²/Jahr
Jahresheizwärmebedarf:	k.A.

Fotos: Francesca Giovanelli, CH-Weiningen

Gegenüber: Architekten machen sich moralisch dann besonders verdient, wenn sie sich einer Bauaufgabe mit kleinem Budget ebenso engagiert widmen wie einem Großauftrag – Auftraggeber und Mitwelt werden es mit Anerkennung belohnen. Dieses Projekt zeigt eindrucksvoll, dass sich mit einer intelligenten Planung unnütze Baukosten vermeiden lassen – ohne Abstriche am formalen Ergebnis.

Art und Umfang des Entwurfsauftrages

Die Aufgabe bestand darin, ein Wohnhaus für eine fünfköpfige Familie bei einem festgeschriebenen, geringen Baubudget zu realisieren. Vorgabe war weiterhin, den Entwurf so zu planen, dass ein erheblicher Teil der Baumaßnahmen in Eigenleistung erbracht werden kann. Niedrigenergiestandard, eine kurze, kostenreduzierende Bauzeit und die Verwendung ökologisch einwandfreier Materialien waren ebenfalls Planungsvorgaben.

Grundriss und Architektur

Die klar, einfach und funktional organisierten Geschossebenen sind so gestaltet, dass alle Räume – mit Ausnahme der Schlafzimmer – über große Schiebetüren miteinander in offener Verbindung stehen, aber eben auch geschlossen genutzt werden können. Alle Wohn- und Aufenthaltsräume orientieren sich nach Süden, die Erschließungsflächen nach Norden. Die hier untergebrachte Bildergalerie und ein zugehöriger Arbeitsplatz erhalten auf diese Weise eine optimale Belichtung.

Die Architektur ist bewusst einfach formuliert. Sie orientiert sich einerseits an einem günstigen Verhältnis der Hüllfläche zum gebauten Volumen, andererseits an einer energieeffizienten Ausbildung der Fassaden mit großzügigen Fensterflächen nach Süden zur passiven Nutzung der Solarenergie und auf das Notwendige reduzierte Öffnungen nach Norden. Die Details wurden so gestaltet, dass sie neben dem architektonischen Anspruch dem Wunsch nach Eigenleistung und Ablesbarkeit der Konstruktion gerecht werden.

Konstruktion

Der Einsatz der Holztafelbauweise ließ einen hohen Vorfertigungsgrad mit kurzer, witterungsunabhängiger Bauzeit zu. Die verwendeten Brettstapeldecken boten zudem den Vorteil einer nach Einbau bereits fertigen Untersicht ohne weitere Verkleidungen und gute akustische, also schalldämmende Eigenschaften. Die Verwendung einer schwimmenden Bodenplatte und der Verzicht auf einen Keller sind sowohl bauphysikalisch als auch arbeitstechnisch und kostenmäßig positiv zu beurteilen. Ein Kellerersatzraum befindet sich neben dem Carport.

Dem Aspekt des emissionsarmen Bauens auch im Rahmen der Gebäudeerstellung trägt die Verwendung heimischen Nadelholzes als wesentliches Baumaterial Rechnung. Gute Dämmwerte, Luftdichtigkeit, solare Energiezugewinne und ein kompaktes Gebäudevolumen ergeben in der Summe den Niedrigenergiestandard des Hauses.

Niedrigenergiehaus in Lüdinghausen

Gute Architektur: einfach,

 Architekten: Pfeiffer · Ellermann · Preckel, Lüdinghausen

funktional, kostenbewusst

Wohltuende Klarheit auf der Rückfassade, deren einheitlche Fensterformate die Erschließungsflure auf der Nordseite des Hauses belichten. Hier liegt der formale Reiz in der einfachen Reihung und dem Spiel zwischen Positiv- und Negativflächen.

Der halboffene Essbereich wird durch eine Schiebetür vom Flur abgetrennt.

Vita

Pfeiffer · Ellermann · Preckel
Architekten und Stadtplaner BDA
Hinterm Hagen 50
D-59348 Lüdinghausen

Prof. Dipl. Ing. Herbert Pfeiffer

Geburtsjahr:	1935
Studienort:	Stuttgart
Eigenes Büro seit:	1979
Seit 1986 zusammen mit CH. Ellermann	
Anzahl der Mitarbeiter:	26

Dipl. Ing. Christoph Ellermann

Geburtsjahr:	1954
Studienort:	Münster

Dipl. Ing. Jörg Preckel

Geburtsjahr:	1963
Studienort:	Münster

Arbeitsschwerpunkte des Büros
Versicherungen, Banken, Industriegebäude, Denkmalpflege

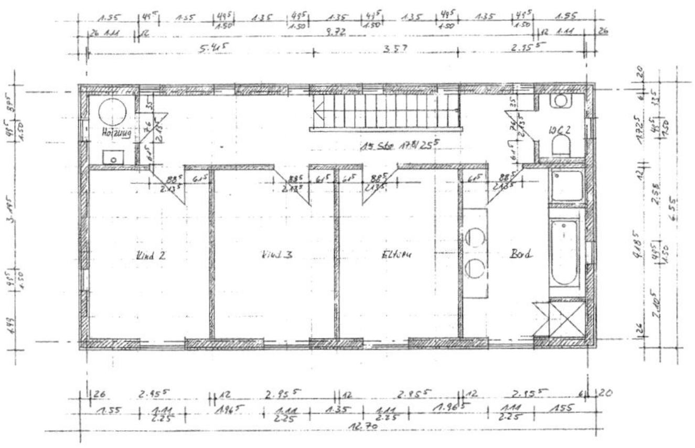

Obergeschoss

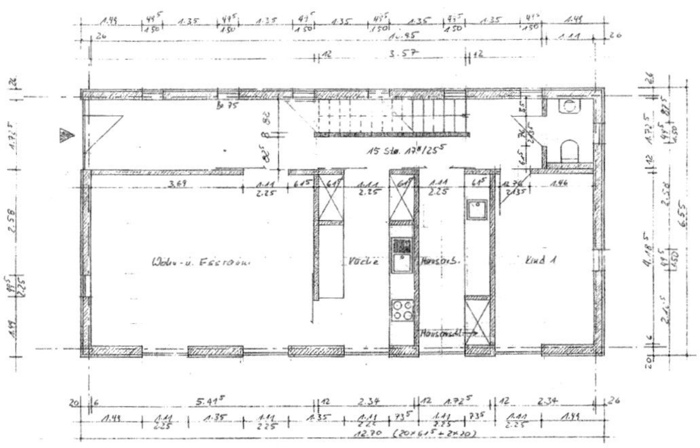

Erdgeschoss

1:200

Daten

Wohnfläche:	145 m²
Zusätzliche Nutzfläche:	34 m² (Carport mit unbeheiztem Abstellraum)
Anzahl der Bewohner:	5
Grundstücksgröße:	436 m²
Grundstückscharakteristik:	unglücklich geschnittener Bauplatz mit dem Vorteil der reinen Südlage am Ende einer Sackgasse
Baujahr:	2000
Planungszeit:	2 Monate
Bauzeit:	6 Monate
Baukosten brutto je m² Wohn- und Nutzfläche:	€ 780,–
Eigenleistungen:	€ 30 700,– Verkleidungen an Decken und Wänden einschließlich Dämmarbeiten
Baukosten brutto gesamt:	€ 94 600,–
Heizwärmebedarf:	64,30 kWh/m²a
Jahresheizwärmebedarf:	8616 kWh/a

Fotos: Matthias-Petrus Schaller, Münster

Auszeichnung

Gegenüber oben: Eine wichtige gestalterische Herausforderung ist die Platzierung von Photovoltaikanlagen, die ja nicht nur Strom liefern sollen, sondern auch als ästhetisches Element Bestand haben müssen. Hier ist die Symbiose aus Form und Funktion erreicht

Gegenüber unten: Planung wurde hier nicht als das Abstellen eines Lebenscontainers verstanden, sondern als hochdifferenziertes Geflecht aus Architektur, Technik, Kunst und geistiger Botschaft: Persönlicher Lebensluxus in ökologischer Verantwortung mit hohem Gestaltungsanspruch – auch zur Freude der Betrachter von außen.

Hier wurde – was selten genug geschieht – ein ganzheitliches Grundstückskonzept entwickelt, das planerisch Gebäude und Außenraum gleichwertig behandelt. Das Ergebnis ist überzeugend.

Aufgabenstellung

Der Planungsauftrag sah den Entwurf und die Realisierung eines großzügigen Wohnhauses mit gehobener Ausstattung für ein Ehepaar vor. Ausdrücklicher Wunsch der Auftraggeber waren Passivhausstandard, Nutzung von Solarenergie und die konsequente Verwendung ökologischer Baustoffe.

Entwurfs- und Freiraumkonzept

Der kompakte, zweigeschossige Baukörper ist nach Süden orientiert. Bei der Gestaltung des Grundstücks wurde großer Wert auf eine gestufte Zonierung und die Anlage unterschiedlicher, geschützter Plätze und Terrassen gelegt. Der vor der Südfassade des Hauses angelegte Badeteich reflektiert das Sonnenlicht auf die Glasfassade. Zusammen mit den Außenmauern, die interessante Durchblicke erlauben, schaffen die Wasserflächen und Stege rund um das Haus ein ruhiges, abgeschiedenes Ambiente. Durch die großen, teils zweigeschossigen Verglasungen entsteht ein sehr unmittelbarer Bezug zum differenziert gestalteten Außenraum, im Inneren antwortet der offene Grundriss mit der zentralen, frei stehenden Treppe und dem Luftraum bis unter das Dach diesem auf Großzügigkeit angelegten Konzept.

Konstruktion

Sämtliche Außenwände wurden als Holzrahmenelemente vorgefertigt. Die Bodenplatte aus Beton ruht auf Streifenfundamenten und ist innenseitig mit einer 36,5 Zentimeter starken Dämmung versehen. Holzständer übernehmen die Tragfunktion, davon unabhängig wurde eine zweite Außenschale aus Doppelstegträgern zur Erhöhung der Dämmstärken gestellt. Die Außenwandflächen sind auf einem Wärmedämm-Verbundsystem verputzt, zusätzlich wurde Zellulosedämmstoff in den verschiedenen Ebenen eingebracht. Die Innenbekleidungen der Außenwände bestehen aus Lehmbauelementen und Heraklit-Platten mit Lehmputz. Auch die Innenwände mit aussteifendem Holzständerwerk erhielten einen Lehmputz, ein Teil der Innenwände besteht aus massiven Lehmbauelementen zur Wärmespeicherung und Optimierung des Raumklimas.

Energiekonzept

Das Gebäude ist als Passivhaus konzipiert, dessen wohlabgestimmtes Komponentensystem die Energieeffizienz gewährleistet: hohe Wärmedämmung, dichte Gebäudehülle, eine Lüftungsanlage mit Wärmerückgewinnung über Kreuzstromwärmetauscher und vorgeschaltetem Erdwärmetauscher. Eine auf der Südseite im Traufbereich angebrachte 3,6-kW-Photovoltaikanlage mit 32 Elementen zur Netzeinspeisung dient der Energieversorgung. Zur Bereitstellung des Restwärmebedarfes der Heizung und für das warme Wasser dient ein Holzpellet-Ofen mit integriertem Warmwassertauscher und automatischer Beschickung. Die benötigte Restwärme wird über Wandheizflächen bereitgestellt. Zur Warmwasserbereitung und Heizungsunterstützung gibt es zusätzlich eine 8,2 Quadratmeter Röhrenkollektorfläche im Low-Flow-Betrieb. Das anfallende Grauwasser aus Waschbecken, Duschen und Waschmaschine wird getrennt gesammelt und in einer Grauwasseranlage als Kompaktgerät zur Toilettenspülung aufbereitet.

Passivhaus
bei Gießen

Energieeffiziente Architektur

 Architekten: Planungsgruppe Bau + Energie, Kassel

ohne falsche Öko-Romantik

Das nachbarschaftliche Umfeld lässt sich nicht gestalten, aber der Blick darauf. Hier gilt die Konzentration dem Wasserbecken außen, dem Raumgefüge innen und den großzügigen Blickbeziehungen.

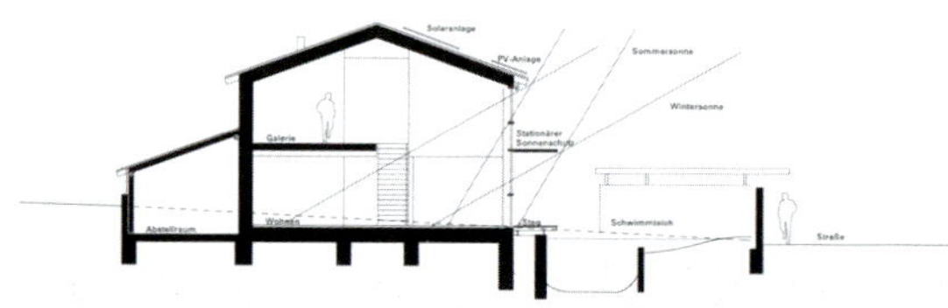

Schnitt A-A M 1:100

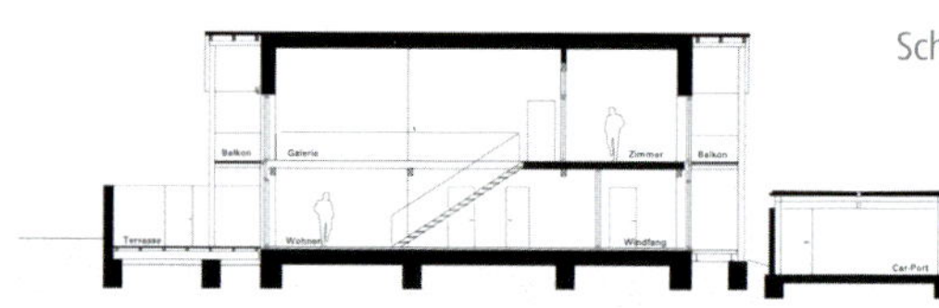

Schnitte

Der partiell zweigeschossig angelegte Wohnraum, der ein Wohnbedürfnis belegt, das den unbedingten Wunsch nach Fläche und Volumen demonstriert – nicht wegen der Imposanz nach außen, sondern als Zeichen des Wohlgefühls nach innen.

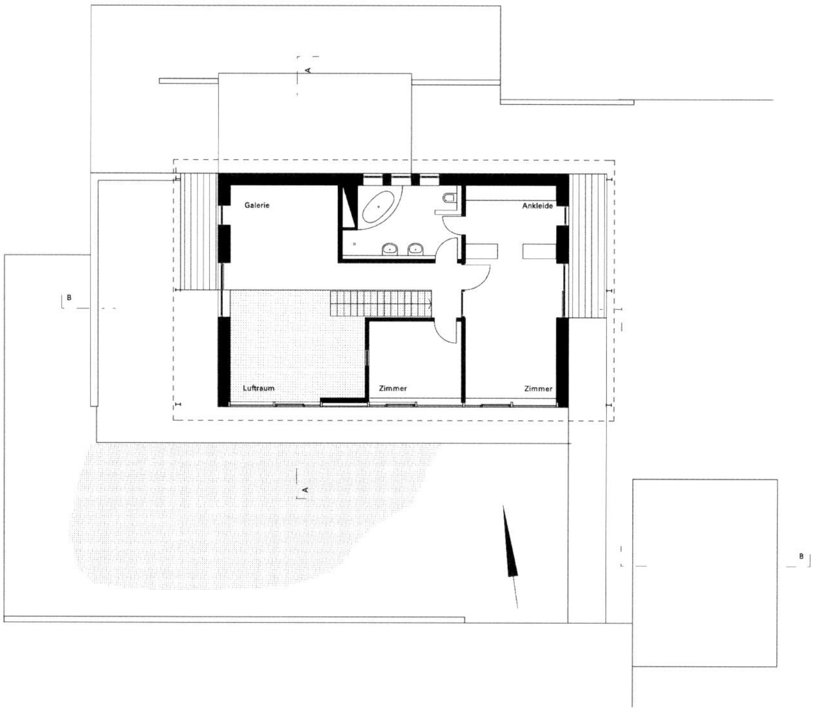

Obergeschoss

Vita

Planungsgruppe Bau + Energie
Lubenow + Peters, PartG
Lange Straße 47
D-34121 Kassel

info@bau-energie.de
www.bau-energie.de

	Carsten Peters	Anke Lubenow
Geburtsdatum:	1963	1967
Studienort:	Kassel	Kassel
Teilhaber des Büros seit:	1997	2000
Anzahl der Mitarbeiter:	4	

Arbeitsschwerpunkte
Solares und energieeffizientes Bauen, energetische Sanierung, Umnutzungen/Bauen im Bestand, denkmalgerechte Sanierung, Gebäude für öffentliche Nutzungen

Arbeits- und Entwurfsphilosophie
- Verknüpfung städtebaulicher und gestalterischer Anforderungen mit den spezifischen funktionalen und wirtschaftlichen Kriterien
- integrierte Planung und interdisziplinäre Zusamenarbeit mit Fachingenieuren und Experten anderer Fachgebiete
- Einbindung der späteren Nutzer in den Planungsprozess
- Nachhaltigkeit der Bauvorhaben durch Weiter- und Umnutzung bestehender Bausubstanz
- Ressourcensparendes Bauen und flexible Nutzungsmöglichkeiten anbieten

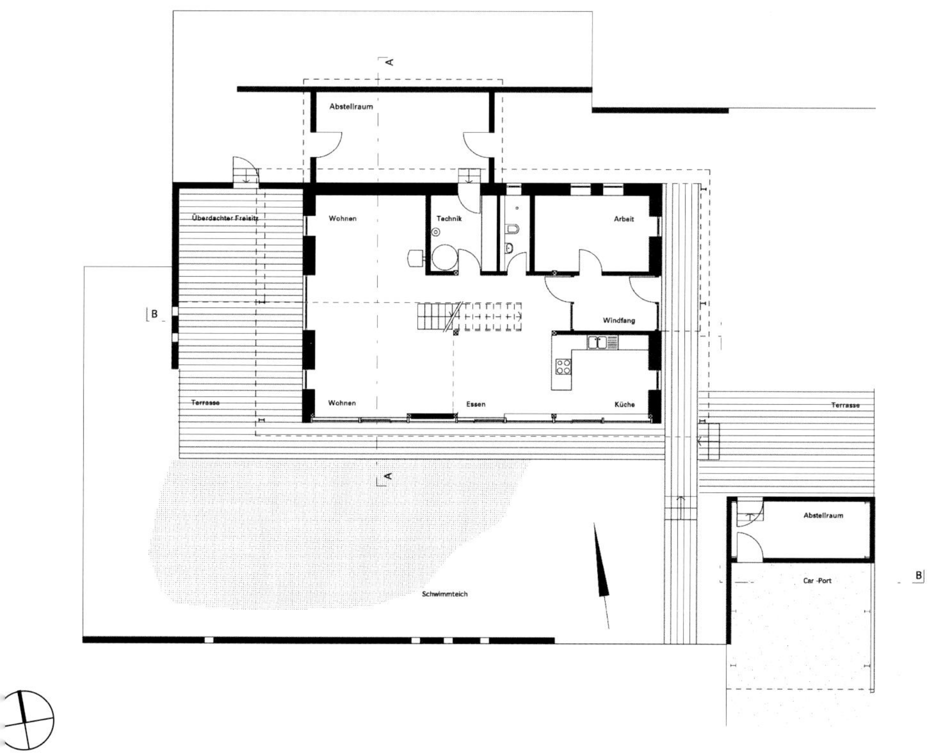

:300

Erdgeschoss

Daten

Wohnfläche:	189 m²
Zusätzliche Nutzfläche:	44 m² (unbeheizte Keller-Ersatzräume)
Anzahl der Bewohner:	2
Grundstücksgröße:	1165 m²
Grundstückscharakteristik:	leicht abfallendes Grundstück in Ortsrandlage mit reizvollen Blickbezügen zur umgebenden Landschaft
Baujahr:	2000/2001
Planungszeit:	8 Monate
Bauzeit:	9 Monate
Baukosten brutto je m² Wohn- und Nutzfläche:	€ 2150,–
Baukosten brutto gesamt:	€ 501 000,–
Heizwärmebedarf:	10,2 kWh/m²a
Jahresheizwärmebedarf:	1157 kWh/a

Fotos: M. Wiedemann, Kassel

Gegenüber oben: Die Westfassade mit dem breiten Erdgeschoss, in dem sich der große Wohnraum befindet.

Unten: Die Ost- und Eingangsfassade mit dem abgesetzten Sockelgeschoss. Hinter den großen Erdgeschossfenstern liegt das separierte Büro.

Raumprogramm und Grundrissorganisation
Im Erdgeschoss befinden sich der offene Wohn-, Koch- und Essbereich, der Windfang und ein separiertes Arbeitszimmer, das durch das zugeordnete Gäste-WC auch als eigenständige Einliegerwohnung genutzt werden könnte. Zwischen der Wohnzone und dem Arbeitsbereich liegt eine einläufige Treppe zur Erschließung des Obergeschosses mit dem Elterntrakt und den beiden Kinderzimmern, die über ein eigenes Bad verfügen. Der großzügige Flur entlang der Nordfassade bietet Raum für eine freie Möblierung. Das Untergeschoss birgt neben der Technik und Abstellräumen einen Saunabereich, der über einen Tiefhof belichtet wird. Eine Sichtbetontreppe führt auch von dort in den Garten.

Entwurfsbedingungen
Das mit dem Bauherrn erarbeitete energetische und ökologische Konzept sah vor, den Jahresheizwärmebedarf um 33 Prozent unter das Niveau der WSchVO von 1995 zu senken und durch eine regenerative Energiequelle zu decken. Um ein gleichmäßiges, energetisch sinnvolles Raumklima zu gewährleisten, wurde die Ausführung als Massivbau geplant. Wichtige Rahmenbedingung war auch, den alten kostbaren Baumbestand zu erhalten.

Architekturkonzept
Eine Grundvoraussetzung für die Minimierung des Heizwärmebedarfes ist ein günstiges Verhältnis zwischen Hüllfläche und Gebäudevolumen sowie die Vermeidung von konstruktiven und geometrischen Wärmebrücken. Darüberhinaus wurde entsprechend der Bauaufgabe versucht, qualitativ hochwertige Außenräume zu entwickeln und die Baumasse zu gliedern. Durch »Herausziehen« zweier Körper der Erdgeschosszone konnte auf der Nordseite die Eingangssituation definiert und auf der Südseite eine geschützte Frühstücksterrasse geschaffen werden. Durch die beiden Körper wird die Zonierung des Grundrisses in Wohn- und Arbeitsbereich außen ablesbar. Ein weiterer Aspekt ist die hieraus resultierende vertikale Zonierung in ein differenziertes Erdgeschoss und ein sich als klarer Körper präsentierendes Obergeschoss. Unterstützt wird das Konzept durch die unterschiedliche Materialität der Außenwandflächen.

Konstruktion
Signifikant für die Konstruktion von hochgedämmten Gebäuden ist die Trennung in den konstruktiven Rohbau und die Gebäudehülle. Begründet wird das Konzept durch die Anforderungen an die Luft- und Winddichtigkeit sowie die Dämmwirkung der Umfassungsbauteile. Die tragenden Außenwände bestehen im Untergeschoss aus Leichthochlochziegeln, 36,5 Zentimeter, mit einer 25 Zentimeter starken unverrottbaren Perimeterdämmung, im Erd- und Obergeschoss wurden die Außenwände aus Kalksandstein-Planelementen in 20 Zentimeter Stärke ausgeführt. Das Wärmedämm-Verbundsystem hat hier eine Stärke von 28 Zentimeter, die Dämmstoffstärke im hinterlüfteten Dachbereich mit Zinkeindeckung beträgt 36 Zentimeter. Als Schutz vor mechanischer Belastung und zur Abwehr von Spritzwasser wurde der Sockelbereich mit einer hinterlüfteten Natursteinfassade aus blau-grauem Juramarmor verkleidet.

Energiekonzept
Wegen des umfangreichen Baumbestandes und der damit verbundenen Verschattung und Durchwurzelung des Grundstücks wurde ein Wärmepumpenheizsystem mit Erdsonden gewählt. Zum Einsatz kamen zwei 70 Meter tiefe Erdsonden mit jeweils zwei Vor- und zwei Rücklaufleitungen. Die damit gewonnene Wärmeenergie wird von einer elelektrischen Wärmepumpe auf ein Temperaturniveau von etwa 40 °C angehoben und versorgt die Fußbodenheizung des Gebäudes. Zusätzlich wurde eine minimierte Gasbrennwerttherme installiert, die das Temperaturniveau der Wärmepumpe für den Warmwasserkreislauf auf 55 °C erhöht. Zur Deckung temporärer Spitzenlasten bei länger anhaltenden Außentemperaturen von unter -10 °C arbeiten die beiden Systeme im bivalenten Betrieb.

Niedrigenergiehaus in Darmstadt

Die Form folgt dem Gestal

 Architekten: Planinghaus Architekten, Darmstadt

ungsansatz: energieeffizient

Das Büro mit Blickkontakt zur Straße und zur Einfahrt.

Der obere Flur, an dessen Enden jeweils die Bäder liegen.

Das Elternbad wird vom Schlafzimmer aus erschlossen, es kann durch eine Schiebetür abgetrennt werden.

Der großzügig dimensionierte Essplatz ist das Zentrum des Hauses mit Bezug zur geschützten Südwest-Terrasse.

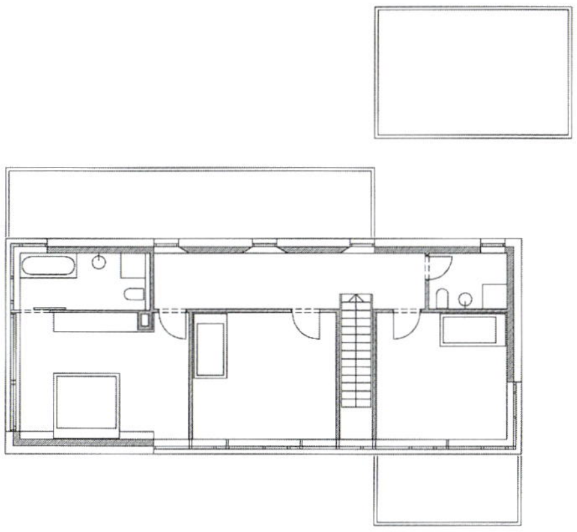

Obergeschoss

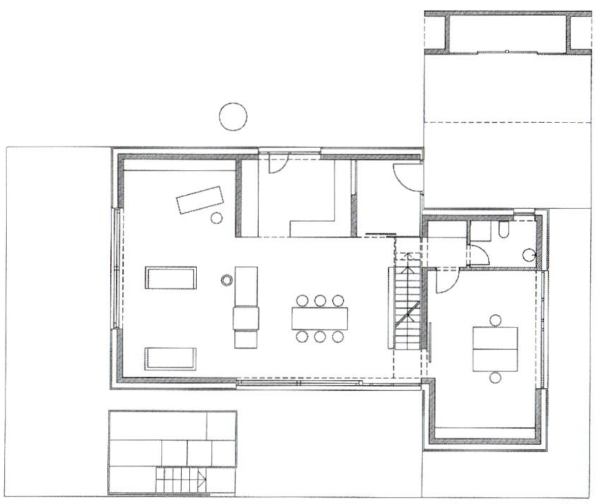

Erdgeschoss

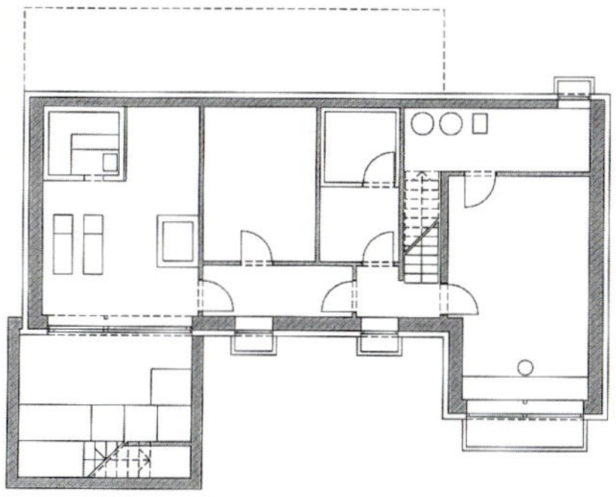

Kellergeschoss

1:300

Vita

Planinghaus Architekten
Jens Daube Georg Seegräber Dirk Siebel
Heidelberger Straße 84
D-64285 Darmstadt

	Jens Daube	Georg Seegräber	Dirk Siebel
Geburtsjahr:	1963	1960	1960
Studienort:	TU Braunschweig Universität Rom	TU Darmstadt Universität Florenz	FH Darmstadt TU Darmstadt
Eigenes Büro seit:	1995	1995	
Anzahl der Mitarbeiter:	6		

Arbeitsschwerpunkte
Bauen im Bestand, Energieeffizientes Bauen, Industriearchäologie

Arbeits- und Entwurfsphilosophie
Planinghaus Architekten verstehen sich als Plattform zur Auseinandersetzung mit architekturspezifischen Aufgabenstellungen. In Abhängigkeit von der Thematik wird die Zusammenarbeit mit entsprechenden Fachleuten gesucht und innerhalb projektbezogener Teams oder Partnerschaften organisiert.

Daten

Wohnfläche:	196 m^2
Zusätzliche Nutzfläche beheizt:	87 m^2 (Abstellräume und Saunabereich im Keller)
Anzahl der Bewohner:	4
Grundstücksgröße:	1254 m^2
Grundstückscharakteristik:	Parkartige Villenkolonie mit altem Baumbestand
Baujahr:	2000
Planungszeit:	12 Monate
Bauzeit:	14 Monate
Baukosten brutto je m^2 Wohn- und Nutzfläche:	€ 1580,–
Baukosten brutto gesamt:	€ 485 000,–
Heizwärmebedarf:	52,57 kWh/m^2a
Jahresheizwärmebedarf:	noch keine Angaben

Fotos: Thomas Eicken, Mühltal

Gegenüber: Die Fassade vor dem zweigeschossig angelegten Wohnraum. Die große Verglasungsfläche schafft den notwendigen solaren Energiezugewinn. Die Lüftungsklappen unter der Attika führen überschüssige Wärme ab, für den sommerlichen Sonnenschutz sorgt die Verschattung durch die Laubbäume.

Die Eingangssituation im Nordosten – die Fassade spielt mit den ausgewogen grafischen Elementen der Öffnungsflächen.

Entwurfskonzept und Grundriss
Die Gebäudekonfiguration reagiert auf den dichten Baumbestand, in dem ein platzsparender, einfacher Baukörper halbgeschossig ins Erdreich eingegraben und mit der Schmalseite zum Südhang orientiert wird. Der Grundriss ist auf diese Gebäudeanordnung dahingehend abgestimmt, dass sich die Schlaf- und Badbereiche zur Nord- und Ostseite gegen den Hang orientieren, während der zweigeschossige, offene Wohnraum mit Galerie den Blick durch die raumhohe Stahl-Glas-Konstruktion auf das südliche Tal freigibt. In der dritten Ebene springt der Baukörper weit zurück und hält damit trotz des Gefälles beide Gebäudehälften im optisch-volumetrischen Gleichgewicht. Die durch den Rücksprung entstehende, 60 Quadratmeter große Dachterrasse ist dem separaten Arbeitsbereich zugeordnet.
Insgesamt ist der Grundriss variabel angelegt: Bei Bedarf sind Raumunterteilungen in weitere abgeschlossene Bereiche möglich, die Galerie lässt sich als eigener Raum nutzen und auch das Arbeitszimmer kann als abgeschlossene Wohneinheit abgeteilt werden. Zusätzliche Ergänzungs- und Ausbaureserve bietet die Dachterrasse.

Konstruktion
Die baukonstruktiven Elemente wurden nach dem Prinzip schneller Bauablauf sowie wirtschaftliche und variable Nutzung des Hauses eingesetzt. Außer einer Querwand gibt es nur tragende Außenwände, die eine Grundrissveränderung erleichtern, optimierte Spannweiten erlaubten den Einsatz von kostengünstigen Filigrandecken. Alle Materialien wie Ziegel, Holzböden, Holzfenster, Holzinnentüren, Gipsspachtelputz innen und ein mineralischer Außenputz stehen für das umweltfreundliche Materialkonzept des Hauses.

Energieversorgung
Das Energiekonzept setzt den Schwerpunkt auf die passiven Elemente: ein günstiges Verhältnis von Hüllfläche zu Volumen, eine fensterlose, energieeffiziente Nordfassade, raumhohe Fenster nach Süden als Kollektorfläche im Winter und in den Übergangszeiten, einen natürlichen Sonnenschutz durch das Laubdach der umgebenden Bäume. Den geringen zusätzlich notwendigen Energieanteil für die Wärmeversorgung von Heizung und Warmwasserbereitung liefert eine Gasbrennwerttherme.

Niedrigenergie-
haus in Dortmund

Rationale, kostengünstige

 Architekt: Thomas Schmidt, Dortmund

Architektur mit hohem Wohnwert

Oben links: Die Eingangsebene auf der Galerie, rechts das Turmzimmer, das bei zusätzlichem Raumbedarf noch erweitert werden könnte.

Der zweigeschossige Wohnraum mit angrenzender Küche im Untergeschoss. Der Arbeits- und Essbereich lässt sich optisch abtrennen – schließlich ist der Blick auf die Küche nicht immer willkommen.

Daten

Wohnfläche:	147 m^2
Zusätzliche Nutzfläche:	20 m^2 (Abstellräume und Heizung im Keller)
Umbauter Raum:	600 m^3
Anzahl der Bewohner:	2
Grundstücksgröße:	430 m^2
Grundstückscharakteristik:	Leicht geneigter Bauplatz mit stark bewaldeter Umgebung in Nord-Süd-Ausrichtung
Baujahr:	2000
Planungszeit:	7 Monate
Bauzeit:	9 Monate
Baukosten brutto je m^2 Wohn- und Nutzfläche:	€ 1085,–
Baukosten brutto gesamt:	€ 181 000,–
Eigenleistungen:	Malerarbeiten innen, Baureinigung und sämtliche Außenanlagen
Heizwärmebedarf:	58 kWh/m^2a
Jahresheizwärmebedarf:	7656 kWh/a

Fotos: Joachim Schumacher, Dortmund

Vita

Thomas Schmidt
Dipl. Ing. Architekt
Immermannstraße 46
D-44147 Dortmund

Geburtsjahr:	1964
Studienort:	FH und Universität Dortmund
Eigenes Büro seit:	1999
Anzahl der Mitarbeiter:	nach Bedarf 2–3
Lehrtätigkeit:	Lehrauftrag an der Fachhochschule Dortmund

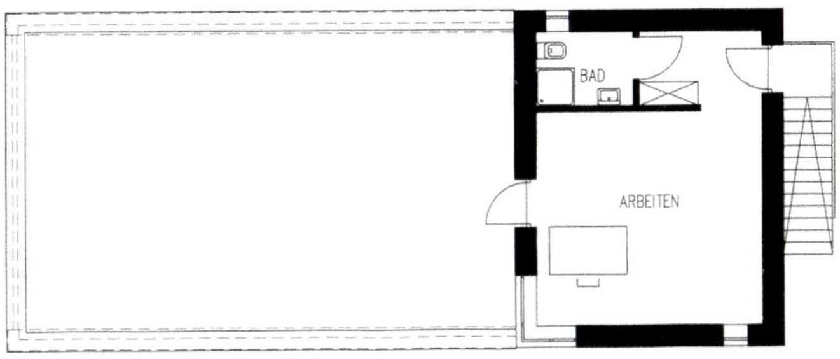

Obergeschoss

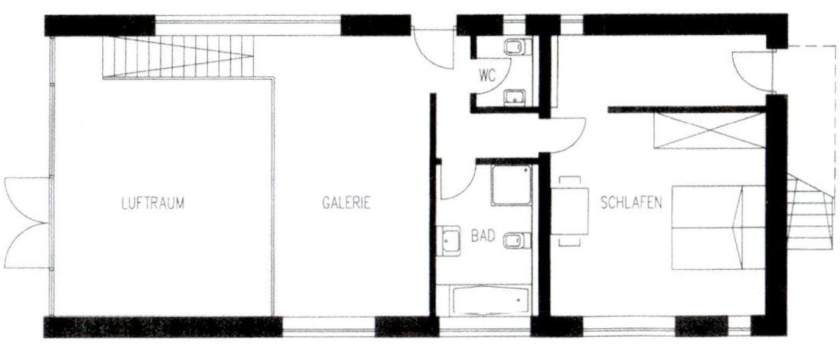

Erdgeschoss

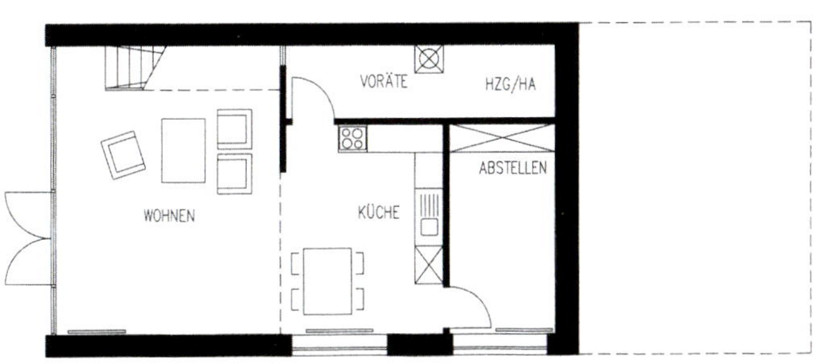

Untergeschoss

1:200

Gegenüber oben: Expressiv kragt der Schlaftrakt des Hauses aus – inszenierte Geste und Sonnenschutz für den großen Wohnraum. Der hellgrün erscheinende Raum links birgt das Atelier mit dem großen Oberlicht.

Gegenüber unten: Das große Holzdeck vor dem mit Titanzink schuppenartig verkleideten Obergeschoss. Hinter der gebogenen Verglasung an der Ecke liegt das dynamisch geschwungene Treppenhaus.

Bauaufgabe

Es sollte ein sehr persönliches Haus entstehen, das sich in der Gemeinschaft der umgebenden, traditionellen Wohnhäuser und Stadtvillen selbstbewusst, aber in Form und Erscheinungsbild zurückhaltend gibt. Expressive Ästhetik und sichtbares Volumen sind im Sinne eines wohlgemeinten Understatement stark zurückgenommen. Der Planungsauftrag umfasste alle Leistungsphasen vom Entwurf bis zur Bauleitung einschließlich Lichtplanung, Inneneinrichtung, Möbel und Gestaltung von Garten und Außenanlagen.

Entwurfskonzept

Das Haus liegt am oberen Rand eines Hanggrundstücks, durch eine schulterhohe Sandsteinmauer gegen die zugehörige Wohnstraße abgeschirmt. Architektur und Formensprache geben sich gegenüber dem öffentlichen Bereich konsequent introvertiert, zum privaten Garten dagegen bewusst extrovertiert.

Das fast quadratische 3,25 Meter hohe Erdgeschoss mit den Maßen 19 x 17 Meter ist in den Hang hineingebaut und als Allraum konzipiert. Es dient dem Künstler und seiner Frau als Wohn- und Arbeitsebene. Beiden war die enge Verbindung zwischen allen Wohn- und Arbeitsbereichen und der umgebenden Natur besonders wichtig. Diese inszenierte räumliche Kontinuität reicht vom großen Studio im Erdgeschoss bis zu den Schlafbereichen im Obergeschoss. Raumhohe Schiebeelemente trennen bei Bedarf die Nutzungsbereiche.

Eine von der oberen Terrasse in den Garten führende Treppe teilt den Allraum in die beiden Funktionsbereiche Wohnen und Atelier. Ein Patio seitlich vom Wohn- und Kochbereich ergänzt diese innere Zonierung und sorgt für indirekte natürliche Belichtung und Belüftung. Das Atelier erhält seine Belichtung über die vollständig zu öffnende Südostverglasung zum Garten und über ein 25 Quadratmeter großes kubisches, rahmenlos verglastes Oberlicht. Vor der gesamten Südostfront des Hauses erstreckt sich eine breite Sonnenterrasse mit einem Belag in Schiffsdeckart aus naturbelassenen Holzbohlen. Daran schließt sich die freie Waldgartenfläche an, umgeben von lichten, hochgewachsenen Buchen und Eichen, deren Laub für natürlichen Sonnenschutz sorgt.

In dem auf der Eingangsebene gelegenen Obergeschoss befinden sich die Schlafräume mit Bädern, wobei sich der große nach Südosten ausgerichtete Schlafbereich über seine raumhohe gläserne Raumecke zu den Baumkronen hin öffnet. Der Baukörper des Erdgeschosses ist mit gelbem Warthauer Sandstein verkleidet, während eine schuppenartige Haut aus vorbewitterten Titanzinkblechrauten das auskragende Obergeschoß umschließt.

Konstruktion und Materialien

Das Gebäude besteht aus massiven Baustoffen wie Stahlbeton, Stahl, Sandstein und verschiedenen Holzarten, die Innenwände wurden mit mineralischem Putz versehen, die Fassadenöffnungen mit naturbelassenem Teakholz gerahmt, während die Nordost-Fassade mit großen Tafeln aus weiß-mattiertem Glas beplankt wurde. Die Böden sind aus süddeutscher Raucheiche gefertigt, für die Verkehrs- und Nutzflächen wurden dunkle Asphaltfliesen verwendet, der Atelierboden besteht aus beschichtetem Magnesitestrich. Auf Kunststoffe sollte im gesamten Haus verzichtet werden.

Nachhaltigkeit und Energietechnik

Das Gebäude wurde gemäß den derzeit gültigen Anforderungen an Niedrigenergiehäuser geplant. Durch eine sorgfältige konstruktive Detaillierung und energiebewusste Materialauswahl konnten Wärmebrücken weitgehend vermieden werden. Alle verwendeten Baustoffe sind nach heutigen Erkenntnissen recyclingfähig. Auf energieverbrauchende, automatisierte mechanische und elektromechanische Systeme zur Energieeinsparung und -gewinnung wurde verzichtet.

Über die großflächigen Südverglasungen wird die Sonnenenergie passiv aufgenommen, Wärmeschutzverglasungen ermöglichen dabei thermische Energiegewinne in den kalten Jahreszeiten. Sonnenabgewandte Fassaden weisen nur die notwendigen Öffnungen auf. Die Beheizung und Warmwasserversorgung des Gebäudes erfolgt über eine Niedertemperatur-Gas-Brennwerttherme, mit Heizestrichen (Fußbodenheizung) in den Wohn- und Aufenthaltsbereichen und zusätzlichen statischen Heizflächen in den Bädern für den Sommer- und Übergangsbetrieb.

Niedrigenergiehaus in Hamburg

Programmatische Architektur

 Architekten: Stoeppler + Stoeppler, Hamburg

für ein Arbeits- und Wohnhaus

Die freitragende Stahlwangentreppe dominiert die Halle, die sowohl in den großen Wohnraum führt als auch links hinter den raumhohen Glaselementen das Atelier erschließt. Möbel und Einbauten, die es nicht im Geschäft zu kaufen gibt. Im ganzen Haus bestechen die sorgfältig detaillierten Einbauten durch formale und technische Raffinesse, ohne sich überbordend aufzudrängen.

Die Küche hat Blick- und Raumbezug zur Halle, zum Wohnraum sowie zum Patio im hinteren Teil des Grundrisses.

Die selbe räumliche Großzügigkeit wie im Erdgeschoss bietet der Schlafbereich auf der ebenfalls oben liegenden Eingangsebene, von der eine lange einläufige Treppe in den Garten führt.

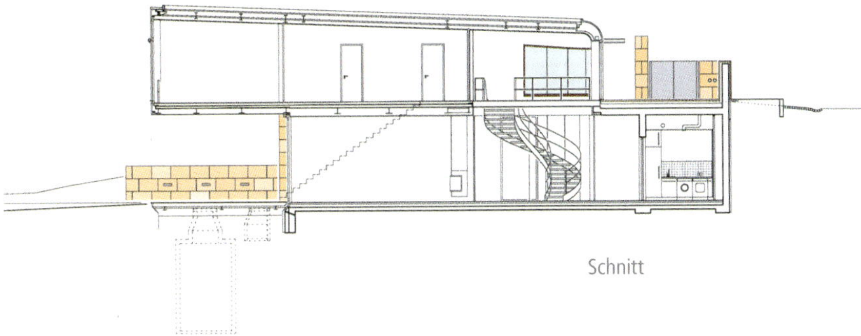

Schnitt

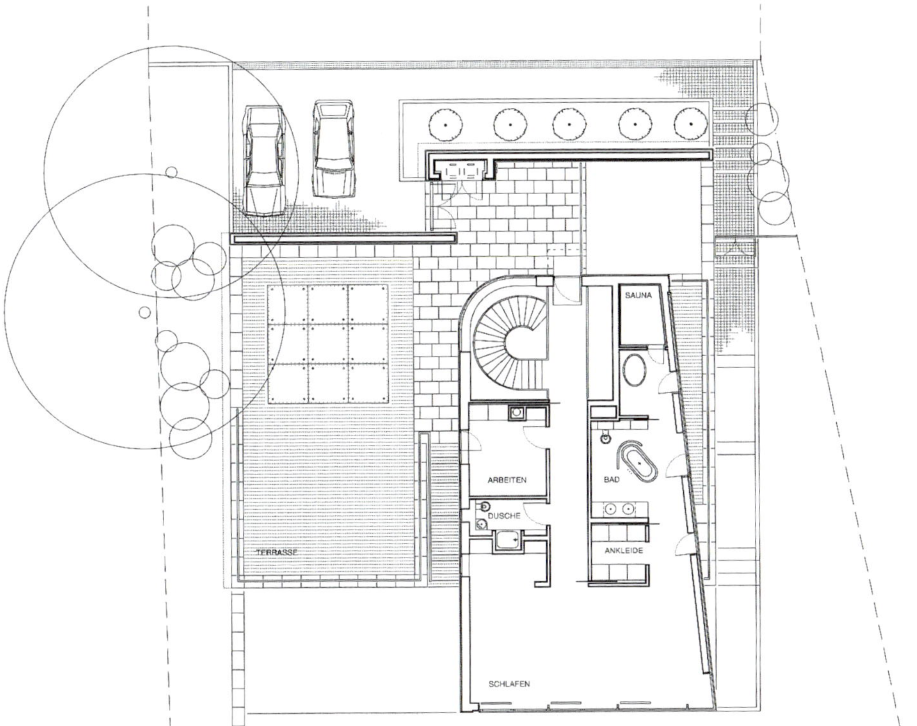

Obergeschoss

Vita

Stoeppler + Stoeppler
Dipl. Ing. Architekten BDA + Stadtplaner
Richardstraße 45
D-22081 Hamburg

	Arvid Stoeppler	Uldis Stoeppler
Geburtsjahr:	1953	1954
Studienort:	HFBK Hamburg	HFBK Hamburg
Eigenes Büro seit:	1987	1987
Partnerschaft mit Uldis Stoeppler seit:	1990	
Anzahl der Mitarbeiter:	4–6	

Arbeitsschwerpunkte
Entwurf und Realisierung von Wohnhäusern und Villen, Restaurierungen und Umbauen im Bestand, Wohnungsbau, Industrie- und Gewerbebau, Innenraumgestaltung, Möbeldesign, Stadtplanung, Gutachten, Niedrigenergie- und Geomantie-ausgerichtete Entwurfs- und Realisierungsplanungen für alle Wohn- und Arbeitsstätten

Arbeits- und Entwurfsphilosophie
»Einem streng durchgeführten Minimalprogramm des Stils entspricht gewöhnlich ein glücklich durchgeführtes Maximalprogramm des Gedankens.« (Walter Benjamin, 1926)

Erdgeschoss

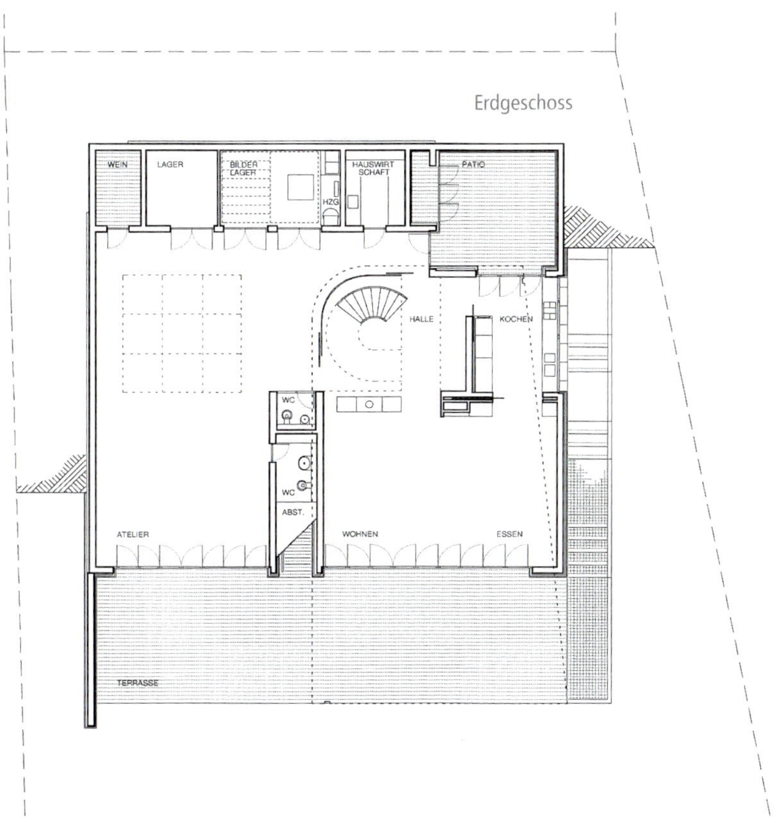

1:300

Daten

Wohnfläche:	290 m²
Zusätzliche Nutzfläche:	158 m² (Atelier, Abstellräume, Keller, EG Patio)
Beheiztes Gebäudevolumen:	1700 m³
Anzahl der Bewohner:	2–3
Grundstücksgröße:	1000 m² + 1200 m² Waldfläche
Grundstückscharakteristik:	parkartiges Waldgrundstück, leicht geneigter Südost-Hang, reines Wohngebiet, Bebauung eingeschossig mit Dach
Baujahr:	2000
Planungszeit:	16 Monate
Bauzeit:	16 Monate
Baukosten brutto gesamt:	k.A.
Heizwärmebedarf:	69,90 kWh/m²a
Heizwärmebedarf:	17 kWh/m³a

Fotos: Alois Kiefer, Hamburg, und Daniel Sumesgutner, Dortmund

Auszeichnung

Gegenüber: Dass es sich um eine energiebewusste Planung handelt, ist ablesbar, der Passivhausstandard dagegen überrascht formal angenehm, ist doch nirgendwo ein Verzicht auf Architektur- oder Raumqualität spürbar.

Der Balkon vor den Kinderzimmern im Obergeschoss mit Blick auf die auskragende Terrasse im Erdgeschoss.

Bauaufgabe

Der Auftrag lautete, ein Haus für eine große Familie zu bauen – mit hohem Wohnkomfort, großzügigen Räumen, innovativer Haustechnik und minimiertem Energieverbrauch. Trotz großer Wohnfläche sollte ein ökologischer Ansatz hinsichtlich der verwendeten Materialien sowie des Verbrauchs von Energie gefunden werden.
Das Thema Passivhaus wurde also nicht als gestalterisch alles dominierendes Prinzip verstanden.

Grundriss

Die für eine energieeffiziente Planung notwendige Zonierung des Grundrisses wurde konsequent umgesetzt: alle Wohnräume orientieren sich durch großflächige Verglasungen nach Süden, die Nebenräume befinden sich im Norden. Das Dachgeschoss wird ausschließlich von den Kindern genutzt. Hier gibt es vier gleich große Zimmer und das Kinderbad. Im Flur bietet eine durchgehende Front den Einbauschränken ausreichend Stauraum. Im Erdgeschoss befinden sich neben dem Eingangsbereich die Küche und der Hauswirtschaftsraum, das Wohn- und Esszimmer sowie der Elternschlaftrakt.
Der Eingangsbereich ist großzügig offen, er verbindet die Wohngeschosse untereinander. Auf einen darüber hinaus gehenden »offenen« Grundriss wurde wegen der Größe der Familie und möglicher gegenseitiger Störungen verzichtet. Auch Wohn- und Essraum können durch Glasschiebetüren voneinander getrennt werden. Die Küche hat durch den Gebäudevorsprung im Nordosten sowohl den Ausblick zur Straße als auch die Orientierung nach Süden zu Terrasse und Garten. Im nach Süden freiliegenden Sockelgeschoss befinden sich das Gästezimmer mit eigenem Bad, ein Musikzimmer, Waschküche und Technikraum, sowie die separat erschlossene Einliegerwohnung. Da die Garage aus topografischen Gründen unterkellert werden musste, entstanden hier zwei unbeheizte Vorratsräume – alle anderen Räume innerhalb der termischen Hülle sind gleich warm ausgelegt.

Architektur

Das Gebäude gliedert sich in den schwarzen Kubus der Garage sowie die beiden mit Douglasie glatt verschalten Kuben des Wohnhauses. Die Dachneigung von 30° nach Norden trägt dem Bebauungsplan Rechnung.
Nach Norden zeigt sich das Haus geschlossen, während die Räume nach Süden auf allen Ebenen großzügig belichtet und besonnt werden. Das nur nach Süden weit auskragende Dach verhindert die direkte Sonneneinstrahlung. Der über die gesamte Fassade vorgehängte Balkon schafft für alle Räume den Außenbezug und dient gleichzeitig als Putzbalkon für die Glasfassade. Seine filigrane Stahlkonstruktion steht im bewussten Kontrast zu den kompakten Proportionen des Baukörpers.

Konstruktion

Das Gebäude ist bis auf die Bodenplatte und die Untergeschosswände gegen das Erdreich eine Holzkonstruktion. Die Außenwände wurden zweischalig ausgeführt, wobei die innere Schicht als Tragkonstruktion und Installationsebene fungiert; die äußere ist vorgehängt. Dazwischen liegt geschützt die Luftdichtungsbahn. Brettstapelelemente bilden die Geschossdecken, Holzleichtbauträger die Dachkonstruktion. Alle Bauteile wurden mit Zellulose gedämmt.

Passivhaus mit Photovoltaikanlage in Leinfelden-Echterdingen

Architektur ist immer auch

 Architektin: Ingrid Wanner-Braatz, Nürtingen

biografische Botschaft…

Die Bäder sind auf beiden Ebenen großzügig dimensioniert und vor allem in den einzelnen Funktionen entzerrt.

Der große Wohnraum im Erdgeschoss, der sich vom Esstrakt durch Schiebetüren abtrennen lässt.

Der Eingang im Erdgeschoss mit kleiner Halle und Verteilerflur zum Schlafraum und zur Küche, die durch den Gebäudevorsprung auch den Bezug nach Süden zum Garten hat.

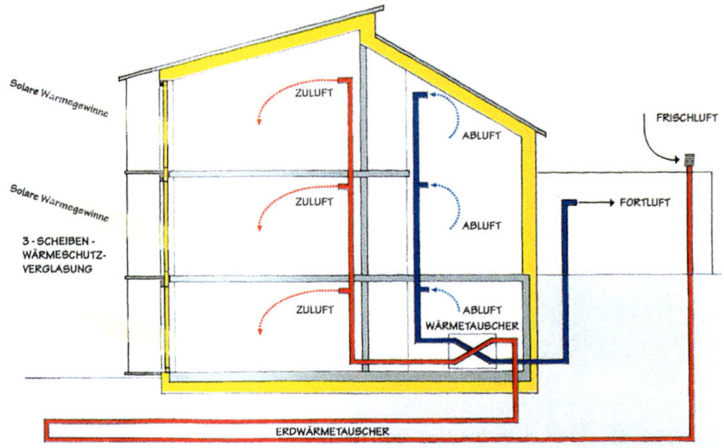

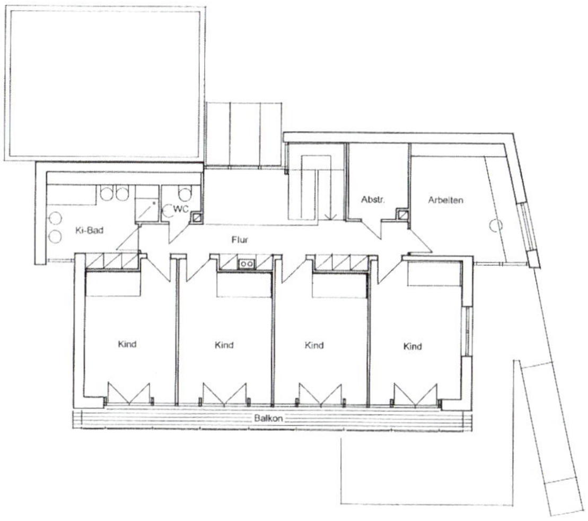

Dachgeschoss

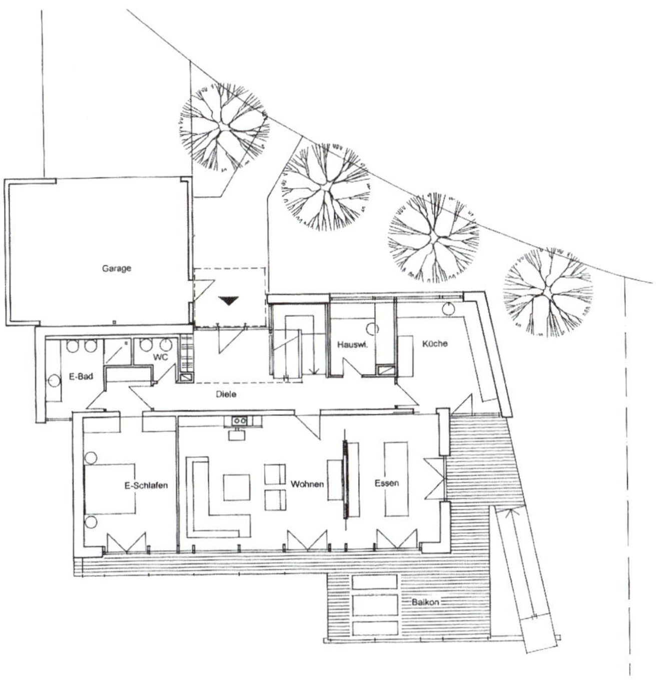

Erdgeschoss

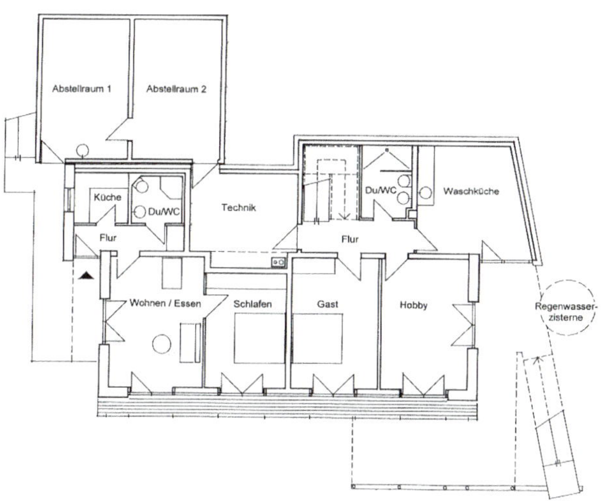

:300

Untergeschoss

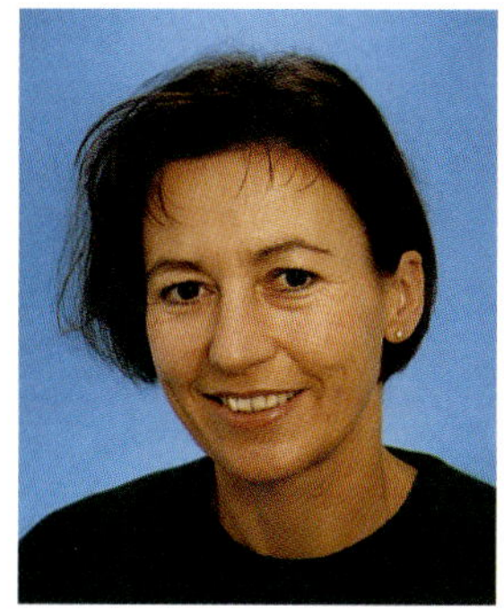

Vita

Ingrid Wanner-Braatz
Dipl. Ing. Freie Architektin
Balinger Weg 18
D-72622 Nürtingen

Geburtsjahr:	1958
Studienort:	TH Stuttgart
Eigenes Büro seit:	1994
Mitarbeiter:	keine
Bauaufgaben:	Wohnungsbau, Ein- und Mehrfamilienhäuser

Arbeitsschwerpunkte
Energiesparendes, ökologisches und ressourcenschonendes Bauen

Daten

Wohnfläche:	280 m² + 47 m² Einlieger
Zusätzliche Nutzfläche:	70 m² (Neben- und Abstellräume)
Anzahl der Bewohner:	6 + 1
Grundstücksgröße:	1350 m²
Grundstückscharakteristik:	Hanglage am Ortsrand. Beginn des Siebenmühlentals. Durch das Grundstück fließt der Reichenbach. Jenseits des Baches ist das Grundstück ein Naturdenkmal
Planungszeit:	6 Monate
Bauzeit:	9 Monate
Baujahr:	2000
Baukosten brutto je m² Wohn- und Nutzfläche:	k.A.
Baukosten brutto gesamt:	k.A.
Heizwärmebedarf:	14,1 kWh/m²a
Jahresheizwärmebedarf:	k.A.

Fotograf: Stefan Leske, Stuttgart

Ausgangssituation und Entwurfskonzept

Die am Nordrand von Göppingen gelegene amerikanische Wohnsiedlung für militärisches Personal und ihre Familien wurde 1994 von einer städtischen Wohnungsbaugesellschaft vom Bund erworben. Seither wird dieser etwa 4 Hektar große Konversionsbereich Zug um Zug erneuert.

Eine Gruppe von 36 Reihenhäusern, die anstelle von drei früheren Mannschaftsgebäuden vorgesehen waren, wurden in das Reihenhausprogramm des Landes Baden-Württemberg aufgenommen, das eine Förderung von Reihenhäusern mit einem Endverkaufspreis von circa € 180 000,– vorsieht.

Die dreigeschossigen Reihenhäuser mit Achsbreiten von 4,60 Meter sind zeilenartig in Gruppen von 3, 4 und 5 Hauseinheiten in das parkartige Areal eingefügt. Auf den wertvollen Bestand an alten Eichen und Buchen wurde weitgehend Rücksicht genommen. Die einzelnen Parzellen grenzen sich nur im Bereich der Terrassendecks mit Hainbuchenhecken gegeneinander ab, ansonsten bleibt die Parklandschaft erhalten.

Konstruktion

Die Bauweise ist eine Mischung aus Massiv- und Montagebau: Haustrennwände als zweischalige Kalksandsteinscheibe, Keller in Stahlbeton, stirnseitig in WU-Qualität, Filigrandecken mit Aufbeton. Die Dach- und Fassadenelemente in Holztafelbauweise mit horizontaler Stulpschalung wurden in transportierbaren Einheiten vorgefertigt und komplett vor Ort montiert.

Energetische und ökologische Aspekte

Niedrigenergiestandard, Fernwärmeversorgung, minimierte Erschließung und damit ein reduzierter Anteil an versiegelten Flächen sowie Dachwasserableitung über Muldensysteme beinhalten die Ansätze für eine ökologische Siedlungsweise. Die Gebäudeabstände sind so bemessen, daß die südorientierten Hauptfassaden das ganze Jahr über voll besonnt werden. Durch die türhohen Fensterelemente an der Südseite wird auch der passiv-solare Aspekt berücksichtigt. Holzklappläden sorgen für den erforderlichen Sonnen- und Sichtschutz.

Architekturkonzept

Der gestalterische Ansatz war, die Gruppe der 36 Reihenhäuser in ihrem weiteren Umfeld zwar als Einheit darzustellen, aber dabei gleichzeitig das Einzelelement Haus ablesbar zu machen. Aus diesem Grund sind die Fassaden vertikal geordnet und die Einzelelemente zur Mitte hin in einem Feld zusammengefasst. Aus einer für das Projekt entwickelten Farbfamilie erhält jedes Gebäude einer Hausgruppe seinen eigenen Farbton. So lässt sich durch die individuellen Farbfelder zusammen mit der Anordnung von Fenstertüren und Klappläden die Hauseinheit an der Südseite ablesen. Die Konstruktion der rankgerüstartigen Vorbauten bindet hausübergreifend die Gruppe zusammen, Schutzdächer und Terrassendecks sind jedoch auf die Hauseinheit bezogen. Als städtebauliche Einheit soll die Gruppe der Reihenhäuser die Einseitigkeit der bisherigen Standortsituation verändern und einen eigenen gestalterischen Akzent setzen.

Rechts und gegenüber: Die zwei Seiten eines Hauses: die geschlossene Nordfassade setzt auf Zurückhaltung – sie ist auch formal kühner denkbar –, die Südansicht (Abbildung gegenüber) dagegen ist beste Stadthausarchitektur. Drei optisch wahrnehmbare Vollgeschosse gleicher Qualität setzen Zeichen architektonischer Würde – und das bei erstaunlich günstigen Baukosten.

36 Reihenhäuser mit Niedrigenergiestandard in Göppingen

Verdichtetes Wohnen: die zei

gemäße Alternative

Natürlich waren die Grundstücksvorgaben faszinierend – aber entscheidend ist die Architektenleistung, für gerade diese topografische Besonderheit die richtige formale Antwort zu finden – und nicht auf Investorenklischees zu setzen.

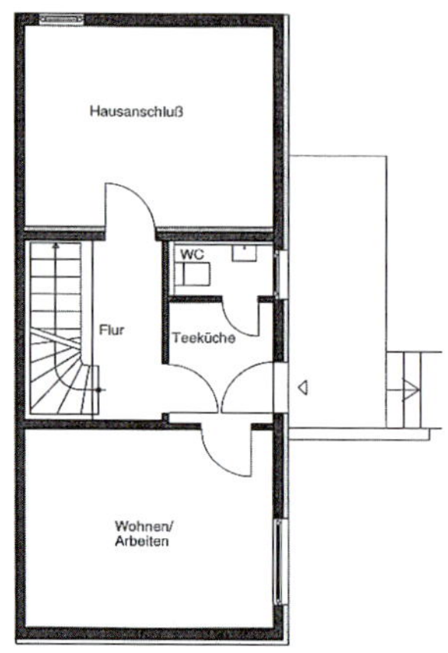

Untergeschoss

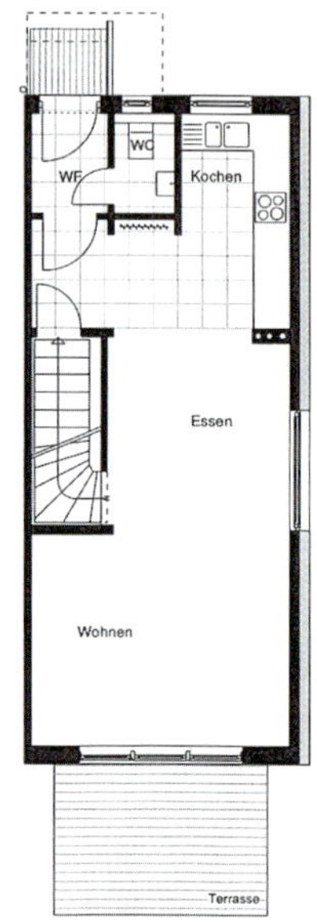

Erdgeschoss-Variante 1

Daten

Wohnfläche:	je Haustyp 108 oder 132 m²
Zusätzliche Nutzfläche:	38 m² (Nutz- und Abstellräume im Keller)
Anzahl der Bewohner:	2–4
Grundstücksgröße:	anteilig vom 4 ha großen Gesamtareal
Grundstückscharakteristik:	ehemalige amerikanische Wohnsiedlung für Militärpersonal
Baujahr:	1999/2000
Planungszeit und Durchführung:	12 Monate
Bauzeit:	6 Monate
Baukosten brutto je m² Wohnfläche:	€ 1017,–
Baukosten brutto gesamt:	gemäß Förderrichtlinie unter € 179 000,–
Heizwärmebedarf:	44 kWh/m²a
Jahresheizwärmebedarf:	k.A.

Fotos: Oliver Schuster, Stuttgart

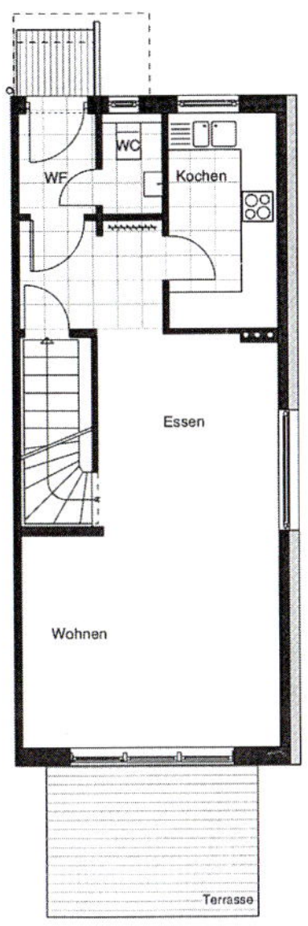

Erdgeschoss-Variante 2

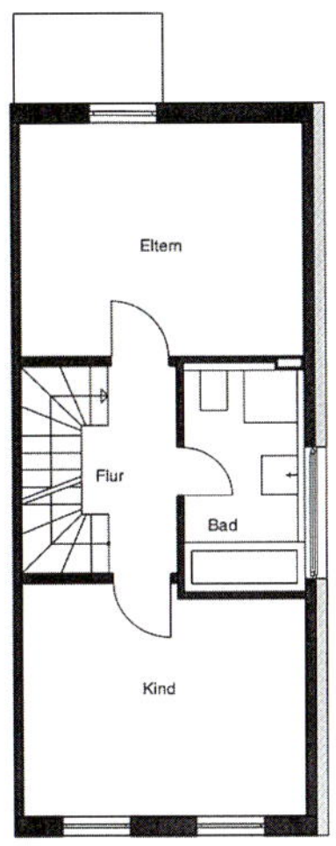

Obergeschoss

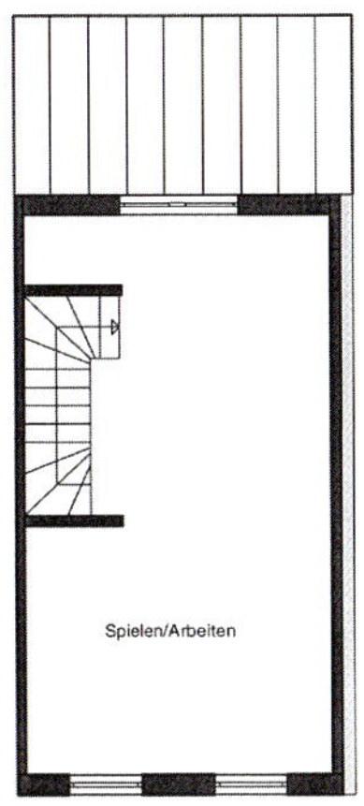

Dachgeschoss

1:200

Vita

Wick + Partner
Architekten und Stadtplaner
Gähkopf 18
D-70192 Stuttgart

info@wick-partner.de

Prof. Dr. Ing. Roland Wick

Geburtsjahr:	1935
Studienort:	TH Stuttgart

Dipl. Ing. Karl Haag

Geburtsjahr:	1950
Studienort:	TH Braunschweig/TH Stuttgart

Dipl. Ing. Wolfgang Schaufelberger

Geburtsjahr:	1944
Studienort:	TH Stuttgart
Eigenes Büro seit:	1963
Büropartnerschaft:	Wick + Partner seit 1984
Lehrtätigkeit:	Professor für Städtebau und Entwerfen, TU Darmstadt von 1982–1999
Anzahl der Mitarbeiter:	15

Arbeitsschwerpunkte
Stadtplanung, Städtebau, Bauleitplanung, Objektplanung, Planungsprozesse

Arbeitsweise
Interdisziplinäres Team aus 15 Vertretern der Fachrichtungen Architektur, Stadtplanung, Landschaftsplanung, Landschaftsarchitektur, Stadtgeografie, Kooperation mit Fachexperten anderer Disziplinen

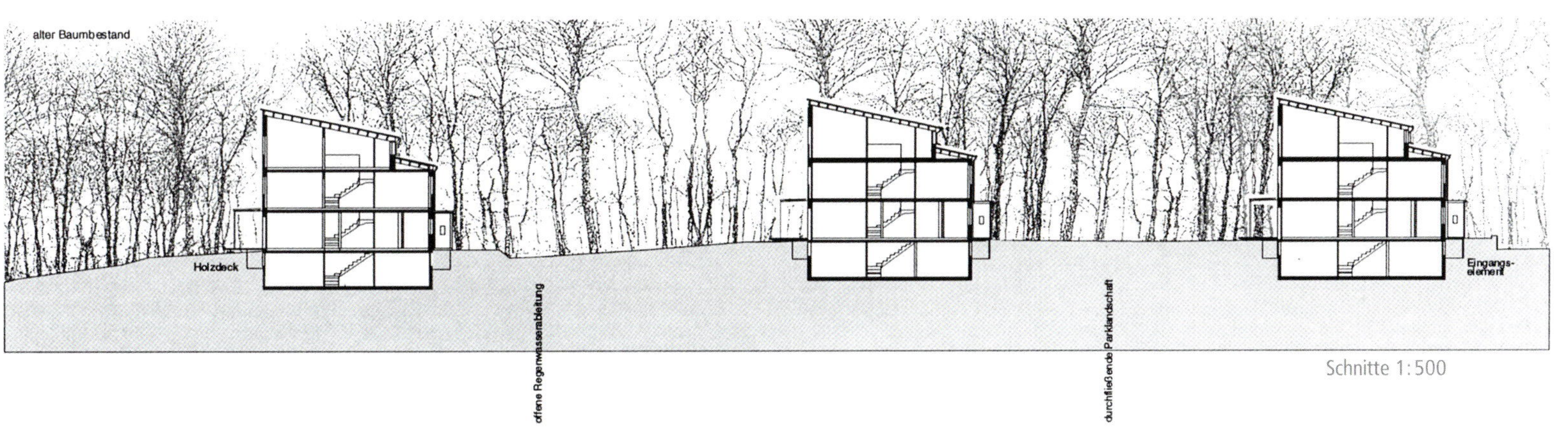

Schnitte 1:500

Das Konstruktionsprinzip

Gegenüber oben: Gegen die Inkunabeln der Baukunst eines Richard Riemerschmid zu bestehen, bedarf eines besonderen Engagements und Mutes. In den Dimensionen eher klein ist es doch ein großes Haus. Allein die Dachkonstruktion mit der ungewöhnlichen, aber überzeugenden optischen Haut setzt Maßstäbe.

Gegenüber unten: Die Kollektoren integriert im Dach.

Grundstückssituation

Der Neubau bildet den Abschluss einer Reihe zweigeschossiger Holzhäuser der Hellerauer Werkstätten aus den 30er Jahren zur großmaßstäblichen Marktbebauung von Richard Riemerschmid aus dem Gründungsjahr des Viertels 1911. Diese Vermittlerrolle zwischen Mustersiedlung und angrenzendem Geschosswohnungsbau und Gewerbe am Markt hat den Entwurf maßgeblich beeinflusst – neben den topografischen Bedingungen des Baugrundes mit einem Gefälle von 3 Metern.

Entwurfskonzept

Um die Maßstäblichkeit zu den Nachbargebäuden zu bewahren, ist die Hälfte des Bauvolumens in den Hang eingebettet. So wirkt das Untergeschoss von der Straße aus wie ein befestigtes Plateau. Nur der obere Teil des Gebäudes tritt städtebaulich in Erscheinung und wird als Haus wahrgenommen. In Ausrichtung, Form, Volumen und Material bezieht es sich auf die benachbarten Holzhäuser, ohne deren Merkmale wörtlich zu übernehmen. Zur Bebauung am Markt hält der Neubau den größtmöglichen Abstand. Das Plateau, sichtbar durch die Freifläche auf dem Dach des Untergeschosses, und eine Trockenmauer bilden die landschaftliche Zäsur im Übergang zur großmaßstäblichen Marktbebauung.

Organisation

Das innere Raumgefüge entwickelt sich von oben nach unten. Der Zugang zum Holzhaus mit der Eingangsebene erfolgt über das Flachdach des Sockelgeschosses. Hier befinden sich Wohnküche und Wohnraum. Eine zweigeschossige Raumzone, die sich wie der Wohnbereich bis ins Dach öffnet, und in der sich die Treppe befindet, verbindet das obere mit dem unteren Geschoss. Unten mündet die Treppenanlage in eine großzügige Passage, die weiter in den Garten leitet und die Privaträume erschließt. Die Schlafzimmer der Eltern und des Kindes orientieren sich zum Garten, ein Arbeitszimmer und das Bad werden auf der Hangseite über einen kleinen Patio belichtet.

Konstruktion und Material

Für das Holzhaus wurde nach einer konstruktiven Lösung gesucht, die einen stützenfreien Innenraum ohne sichtbare Queraussteifung ermöglicht. Vier Rahmenbinder aus Brettschichtholz bilden das Tragwerk. Durch biegesteife Eckausbildung sind sie in Querrichtung stabil, in Längsrichtung sorgt ein beplanktes Pfosten-Riegel-System zwischen den Rahmen für die notwendige Aussteifung. Dach und Wand werden konstruktiv wie gestalterisch gleich behandelt. Innen sind sie mit Gipskartonplatten beplankt, den äußeren Abschluss für die Wände und das Satteldach bildet eine Lärchenholzverschalung.
Das Dach liegt wie ein Deckel ohne Überstand auf den Außenwänden. Die Fugen zwischen den Lärchenbrettern und den geneigten Flächen bleiben offen, um das Regenwasser auf die darunterliegende wasserführende Schicht zu leiten.
Das Sockelgeschoss öffnet sich zum Garten raumhoch über eine Länge von 11 Meter. Ein Stahbetonsturz überbrückt die Fensteröffnung stützenfrei. Holzschiebeläden mit Lärchenholzlamellen laufen als Sonnen- und Sichtschutz vor den Gartenfenstern und können die Front vollständig schließen.
Der Sockel ist hellgrau verputzt und wird teilweise berankt.

Energiekonzept

Das Gebäude ist als Niedrigenergiehaus konzipiert. Schon zu Beginn des Entwurfs wurden Fachplaner hinzugezogen, um die technisch-baulichen Anforderungen frühzeitig mit den räumlich-gestalterischen Vorstellungen verbinden zu können.
Die verschiedenen Wand- und Holzständerkonstruktionen mit Einblas-Zellulosedämmung im Eingangsgeschoss sowie die verputzten Porotonsteinmauern im Sockelgeschoss erfüllen mit einem k-Wert von 0,17 bis 0,3 W/m^{2}K die Anforderungen an Niedrigenergiehäuser. Die Fenster sind mit Wärmeschutzverglasung (k=1,3 W/ m^{2}K) versehen.
Im Wohnraum sind die Heizflächen als Konvektoren unsichtbar in die Wand integriert, eine Wärmesteinbank sorgt für zusätzliche Behaglichkeit.
Die Brauchwassererwärmung leistet eine 6 Quadratmeter große Solaranlage auf dem Dach, dort anfallendes Regenwasser wird über eine Erdzisterne mittels einer Pumpe dem Grauwasserhaushalt zugeführt.

Niedrigenergiehaus in Dresden-Hellerau

Respekt ist nobel – auch in

 Architekt: Peter Zirkel, Dresden

der Architektur

Klare Formen, spannungsvolle Proportionen und fein abgestimmte Details – Dachkanten, Fensterausschnitte, Fensterformate, Materialinszenierungen und Farbgebung machen dieses Haus unverwechselbar groß und in sich stimmig. Diese unaufdringliche Qualität wünscht man sich für jedes Einfamilienhaus.

Gegenüber: Das private Schlafgeschoss auf der unteren Ebene. Nachdenkenswert ist der Wechsel in den Treppenstufen – die Form folgt eben nicht immer der Funktion, sondern auch dem sinnlichen Erleben.

Der Materialwechsel ist die Botschaft, Beton gegen Holz, die sichtbaren Balken folgen dem statischen Prinzip, die Gebäudeform findet sich auch im Inneren als Zitat wieder. Zitate, die entschlüsselt werden wollen, sich aber auch nicht übermäßig ernst nehmen – wer es nicht mag, kann es überstreichen. Gestaltung ist imer dann gut, wenn sie keinen Einmaligkeitsanspruch erhebt.

Daten

Wohnfläche:	130 m²
Zusätzliche Nutzfläche:	33 m²
Kubatur:	706 m³
Anzahl der Bewohner:	3
Grundstücksgröße:	398 m²
Grundstückscharakteristik:	kleines Hanggrundstück in herausfordernder architektonischer Umgebung
Baujahr:	2000/2001
Planungszeit:	Februar bis August 2000, 7 Monate
Bauzeit:	September 2000 bis Februar 2001, 6 Monate
Baukosten brutto je m² Wohn- und Nutzfläche:	€ 1380,–
Baukosten brutto gesamt:	€ 229 100,–
Heizwärmebedarf:	k.A.
Jahresheizwärmebedarf:	k.A.

Fotos: Petra Steiner, Berlin/Dresden

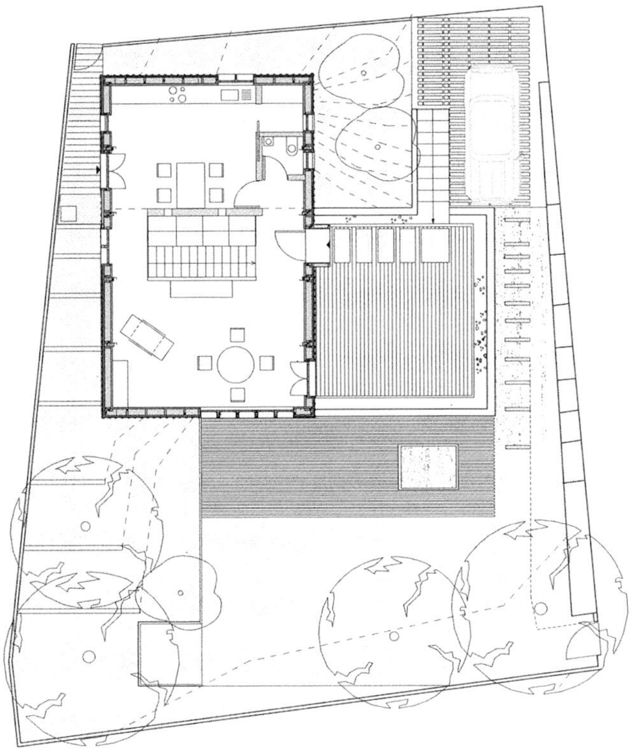

Erdgeschoss

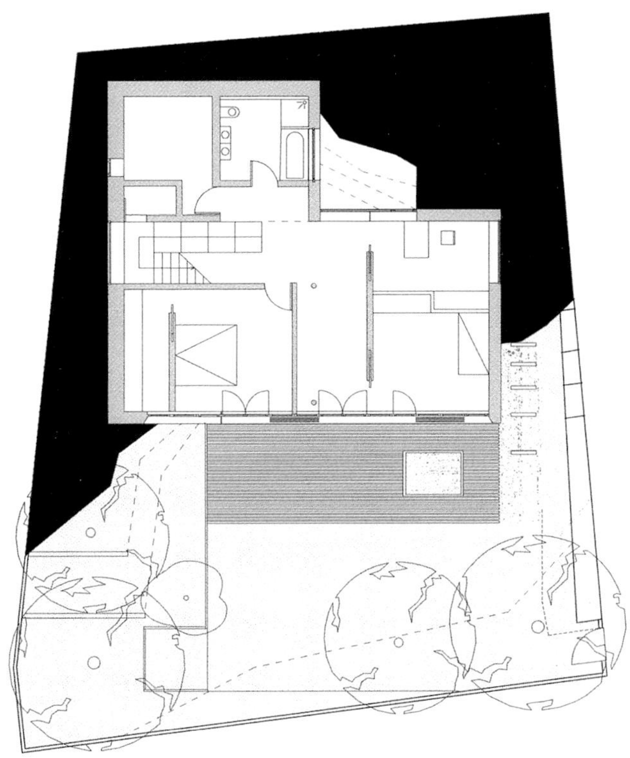

1:300

Untergeschoss

Vita

Peter Zirkel Architekten
Gaby Heijltjes + Peter Zirkel
Friedrichstraße 29
D-01607 Dresden

pzirkel@t-online.de
www.pzARCHITEKTEN.de

Projektbearbeiter: Bettina Rosenthal, Susanne Liebrich

Gaby Heijltjes

Geburtsjahr:	1969
Studienort:	Delft und Barcelona
Eigenes Büro mit Peter Zirkel seit:	1998
Lehrtätigkeit:	1999 Assistentin an der TU Dresden
Anzahl der Mitarbeiter:	k.A.
Arbeitsschwerpunkte:	k.A.

Peter Zirkel

Geburtsjahr:	1964
Studienort:	Kaiserslautern, Delft und Darmstadt
Eigenes Büro mit Gaby Heijltjes:	seit 1998
Lehrtätigkeit:	1999 Assistent an der TU Dresden

Arbeitsschwerpunkte:
Wohnbauten, Verwaltungs- und Gewerbebauten, Altbausanierung und Städtebau

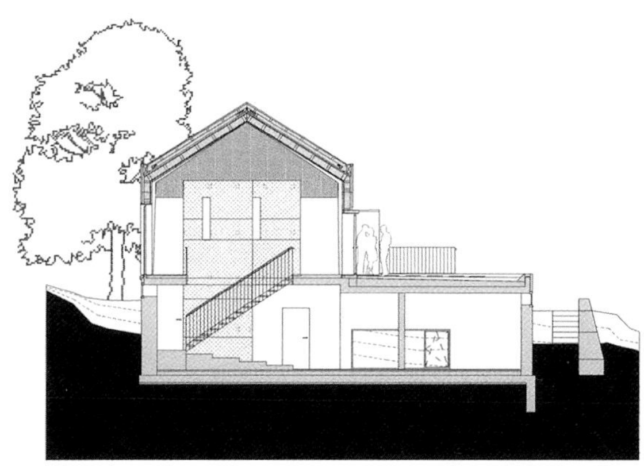

Schnitt

Gegenüber: Statisches Raffinement ist bei diesem Entwurf ebenso spürbar wie der Wunsch nach einer ganz eigenen Ausstrahlung des reinen Holzbaus – das Ergebnis ist eine überzeugend elegante Architektur, deren Niedrigenergiestandard selbstverständlich, aber nicht ablesbar ist.

Zum privaten Teil des Gartens zeigt sich das Erdgeschoss transparent– hier die Durchsicht über die Treppe auf den offenen Küchenbereich.

Grundstücks- und Grundrissorganisation

Der langgestreckte, schmale Baukörper – eine reine Holzkonstruktion – bildet zusammen mit der Garage und dem gedeckten Zugang einen geschützten Gartenraum, während sich der Vorplatz mit der Eingangssituation frei zugänglich darstellt. Hier ist der Schwellenbereich zwischen Privatheit und Öffentlichkeit, der einerseits Gastfreundschaft und Offenheit signalisiert, aber zugleich auch die nötige Intimität auf dem Grundstück sichert.

Der Besucher betritt das Haus über einen zentralen Vorraum. Westseitig liegt der langgestreckte, lichtdurchflutete Wohn- und Essbereich, im Norden, parallel zum Bach die offene Küche und nach Osten schließt sich ein eigener kleiner Gastbereich an. Die großflächigen Verglasungen im Erdgeschoss schaffen einen fließenden Übergang vom Innenraum zum Garten – Transparenz und Offenheit sollen den Raumcharakter in diesem Geschoss bestimmen. Dem Essbereich vorgelagert führt eine einläufige Treppe in das Obergeschoss, in dem sich die drei Schlafräume befinden.

Klima-, Energie- und Versorgungskonzept

Als Heizung dient ein Niedertemperatursystem mit einer Vorlauf-/Rücklauftemperatur von 60/45 °C. Die Wärmeabgabe erfolgt durch Niedertemperaturradiatoren im ersten Obergeschoss, im Erdgeschoss gibt es Fußbodenkonvektoren im Wohnbereich und Fußbodenheizungen in den Nassräumen. Als Wärmequelle dient ein 18 kW-Gasbrennwert-Wandkessel.

Der Luftwechsel im Gebäude erfolgt über eine mechanische Zu- und Abluftführung, wobei die Zuluft über erdverlegte Rohre ins Haus geleitet wird. So wird im Winter kühle Außenluft durch natürliche Erdwärme vorgewärmt, während im Sommer die warme Luft durch das Erdreich abgekühlt wird. Die Steuerung der Anlage erfolgt jeweils temperaturabhängig über einen Mischluftsensor.

Eine 7,5 Quadratmeter große Sonnenkollektorfläche auf dem Dach versorgt einen 400 Liter fassenden Zwischenspeicher, der im Sommer und in den Übergangsmonaten die Warmwasserbereitung allein übernimmt.

Die WCs im Gebäude, das Schwimmbad und die Gartenbewässerung werden über eine Nutzwasseranlage aus dem eigenen Brunnen versorgt.

Niedrigenergiehaus in Klosterneuburg

Die Vorzüge des konstruktiven

 Architekten: Ablinger, Vedral & Partner, Wien

Holzbaus überzeugend genutzt

Ein halbhoher Tresen schirmt den Wohnbereich ab ohne den großzügigen Eindruck des Erdgeschosskonzeptes zu beeinträchtigen.

Die zum Essbereich hin offene Küchenzeile mit Blickbezug zum angrenzenden Bach und über den linken Tresen auch zum privaten Garten – ein in jeder Hinsicht interessanter Arbeitsplatz.

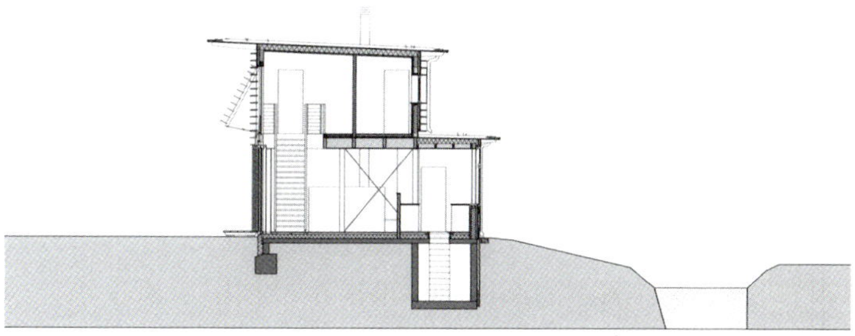

Schnitt

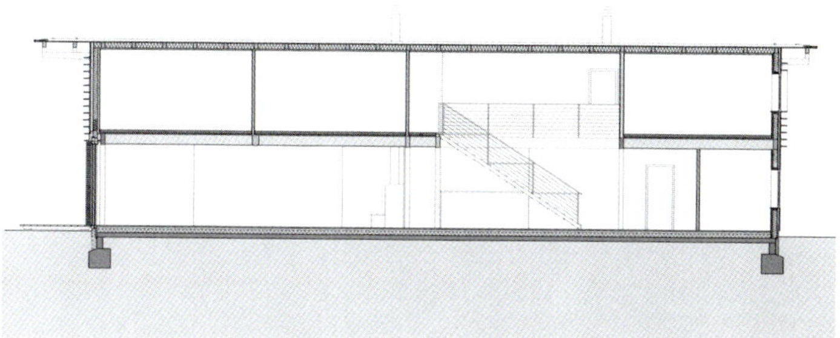

Schnitt

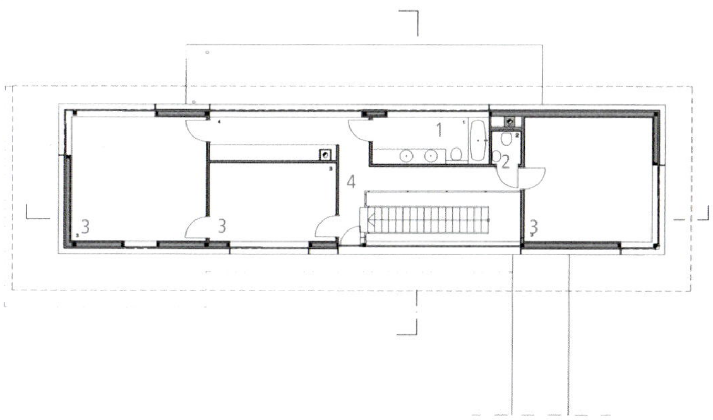

1 Bad
2 WC
3 Zimmer
4 Gang

Obergeschoss

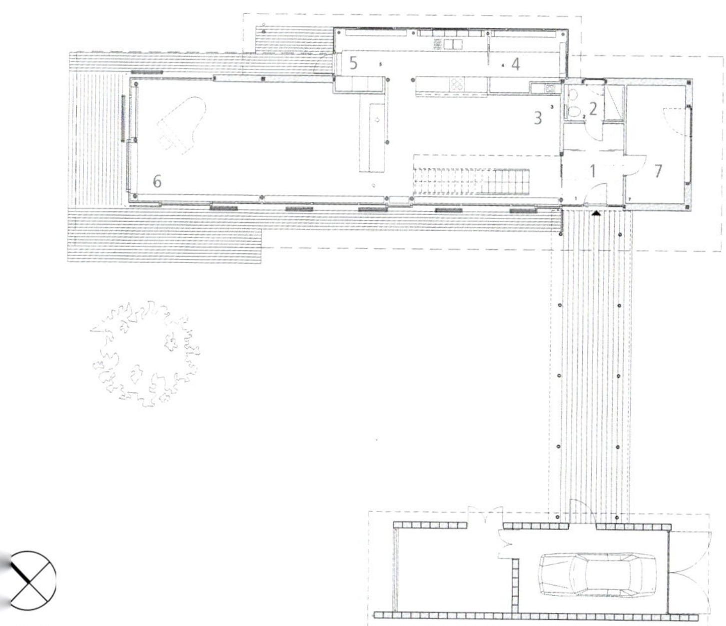

1 Vorraum
2 WC/Dusche
3 Essen
4 HWR
5 Küche
6 Wohnen
7 Gast

Erdgeschoss

:300

Vita

Ablinger, Vedral & Partner
Herbert Ablinger
Dipl. Ing. Architekt
Loudonstraße 23
A-1140 Wien

atelier@a-v.at

Geburtsjahr:	1957
Studienort:	TU Wien
Eigenes Büro seit:	1985
Anzahl der Mitarbeiter:	5

Seit 1985 Zusammenarbeit mit Renate Vedral
Büro Ablinger, Vedral & Partner ZT GmbH seit 1995

Arbeitsschwerpunkte
Holzbau, Holzbauforschung, Veränderbarkeit, nachhaltiges Bauen, Bauschadensvermeidung

Bauaufgaben
Wohnbau, Industriebau, Einfamilienhausbau

Daten

Wohnfläche:	208 m²
Zusätzliche Nutzfläche:	51 m² (Haustechnikraum im Keller, Garage und Werkstatt im Nebengebäude)
Anzahl der Bewohner:	2 + 2
Grundstücksgröße:	1440 m²
Grundstückscharakteristik:	Südwest-Grundstück mit nördlichem Bachlauf als Grundstücksgrenze
Baujahr:	2000
Planungszeit:	24 Monate
Bauzeit:	12 Monate
Baukosten brutto je m² Wohn- und Nutzfläche:	€ 1995,–
Energiebedarf:	53 kWh/m²a
Jahresheizwärmebedarf:	k. A.

Fotos: Gisela Erlacher, Wien

Entwurfskonzept
Das schmale Grundstück erlaubt durch den seitlich sehr hohen, dichten Baumbestand eine äußerst transparente Bauweise. So kann im Winter die Sonneneinstrahlung durch die entlaubten Bäume genutzt werden, während diese im Sommer ausreichend Sonnenschutz bieten. Aus diesen Rahmenbedingungen entstand das bauliche Konzept eines »Wohnen im Baumhaus« – das symbiotische Zusammenspiel von Natur und Architektur.

Raumprogramm und Gebäudeorganisation
Vom Gehweg gelangt der Besucher über einen Vorplatz zum Eingang des Hauses. Auf dieser Ebene des Untergeschosses befinden sich ein Vorraum mit Garderobe, Stauraum, WC/Dusche und ein angeschlossener kleiner Technikraum. Eine Türe vom Vorraum erschließt die angrenzende Praxis mit vorgelagertem Gartenhof.
Eine einläufige, minimierte Treppe führt auf die Plattform des Wohnraumes, in den eine offene Küche, ein Kamin und ein kleiner Nassbereich integriert sind. Der Wohnraum erstreckt sich über das gesamte Gebäude – er wird von zwei schwebenden Baukörpern, welche die Schlafräume bergen, nach oben begrenzt.
Nach Süden öffnet sich der Wohnraum über eine Terrasse zum Garten – nach Norden ist der Blick frei auf die umgebende Landschaft. In der Mitte ist auf der Ostseite die über 6 Meter hohe Bibliothek angeordnet, auf der Westseite die Küche und darüber das gläserne Bad – mit freiem Blick nach oben in die Baumkronen.
Über eine transparente Treppenkonstruktion gelangt man auf eine schwebende Galerie, die über ein großes Schiebedach zur luftigen Terrasse verwandelt werden kann. Von hier aus werden die vier Schlafräume und die Bäder erschlossen. Die Schlafräume werden durch eine gekrümmte Wand, eine transluzente Rückwand, eine Schrankwand und eine transparente Wand zum Garten oder mit Blick in die Landschaft eingefasst.
Durch die gewölbte Außenwandkonstruktion wirken die Zimmer und die Galerie im Innenraum sehr großzügig. Dies wird durch die funktionale Anordnung von Regalen innerhalb der Bogensegmente noch verstärkt. Dieser konvexe Raum wird auch als Luftpuffer über ein einfaches Ventilationssystem als zusätzliche Heizung genutzt.

Rechts und gegenüber: Zuerst einmal versucht sich das Auge des Betrachters zurechtzufinden – es ist eine Architektur, die mit dem Möglichen spielt, ohne auf das provozierend Machbare zu setzen. Ein Haus, das den Kontrast zur Natur sucht, weil es die Natur so nah an sich heranlässt. Welch Symbiose!

Architektur
Der transparente schräge Anschnitt des balancierenden Baukörpers bringt im Norden gleichmäßiges, ruhiges Licht und im Süden den erforderlichen Sonnenschutz der Schlafräume sowie der darunter liegenden Terrasse. Er wird durch zwei schwarz glänzende Pylone in die Balance gebracht. Die Plattformen darunter sind transparent. Obwohl die Konstruktion überall sichtbar ist, erfüllt sie ausschließlich den gewünschten Zweck und ermöglicht dabei eine besonders reizvolle Komposition mit Licht und Schatten, aus Gebautem und Natur. Diese Komposition erfährt ihre Kraft durch den pointierten Einsatz der Materialien – sandgestrahlter Sichtbeton, verzinkter Stahl im Inneren, schützendes und dämmendes Holz innen und außen, Glas und witterungsbeständiges Stahlblech.

Energiekonzept
Gegen sommerliche Überhitzung wirkt einerseits der dichte Baumbestand und darüber hinaus ein auf die Gebäudeform abgestimmtes Lüftungssystem mit Kaminwirkung. Gegen Auskühlung im Winter schützt eine kompakte, dichte Gebäudehülle mit differenzierten Speichereigenschaften. Die Außenhülle ist auf eine gewünschte Absorption sowie auf Reflexion ausgelegt, um möglichst viel eingestrahlte Sonnenenergie passiv in die Speichermassen einzuleiten und an die Innenraumluft abzugeben. Auf diese Weise wird die benötigte Heizenergie minimiert. Dabei wurde die technische Ausstattung des Gebäudes aus Gründen einer kostengünstigen Revision möglichst einfach hergestellt.

Konstruktion
Das stützenfreie Erdgeschoss ruht auf einer Stahlbetonkonstruktion als Sockel. Darüber erhebt sich eine geschosshohe Stahlkragkonstruktion mit einer Großtafelfertigteilausfachung. Die oberen Wandelemente sind gekrümmt, die transluzenten Innenwände bestehen aus einer Holzrahmenkonstruktion mit einseitig ausgeführter Verglasung als Schallschutz und einer aufgebrachten Wabenkonstruktion aus Papier als Sichtschutz.

Niedrigenergiehaus in Wien

Architektur braucht den

künstlerischen Anspruch

Die Südfassade – energieoptimiertes Bauen als visualisiertes Programm ohne Kompromisse. Das Ungewohnte wird zum funktionalen Maßstab.

Gegenüber: Die Eingangsfassade nach Norden mit dem charakteristischen Atelieroberlicht und einer gläsernen Fassade, deren Transparenz die Gesetze der Statik in Frage zu stellen scheint.

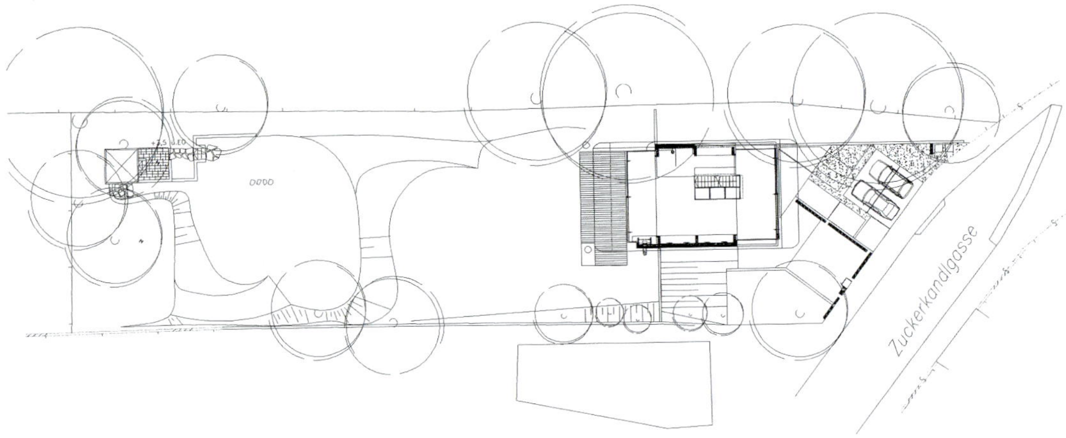

Lageplan

Das Atrium mit dem Schiebedach auf der Schlafebene mit der gebogenen gläsernen Wand nach Westen – Leben im Baumhaus!

Gegenüber: Der dreiseitig verglaste Essplatz, der über die gesamte Gebäudebreite reicht. Im Hintergrund die offene Küche, die den Raum nicht dominieren will und dadurch zur großzügigen Weite des Erdgeschosses beiträgt.

Die über beide Wohngeschosse reichende Bibliothek.

Links: Der große Wohn-/Esstrakt im Erdgeschoss ohne störende Konstruktionselemente. Eine klassische Wohnhalle, die beeindruckende Größe vermittelt ohne auf sehr einladende Bereiche zu verzichten. Die schafft sich der Nutzer durch die drapierte Möblierung selbst – welch ein Wohn- und Lebensgefühl!

Blickvarianten im oberen Treppenhaus, das zu den vier Schlafräumen und dem Atrium führt, mit geöffnetem und geschlossenem Schiebedach.

Daten

Wohnfläche:	208 m^2
Wohn- und Nutzfläche:	308 m^2
Anzahl der Bewohner:	5
Grundstücksgröße:	1300 m^2
Grundstückscharakteristik:	Schmales langes Grundstück an einem stark bewaldeten Nordhang
Baujahr:	2001
Planungszeit:	6 Monate
Bauzeit:	5 Monate
Baukosten brutto je m^2 Wohn- und Nutzfläche:	€ 1535,– (Endabrechnung noch nicht erfolgt)
Heizwärmebedarf:	40 kWh/m^{2}a

Fotos: Bruno Klomfar, Wien

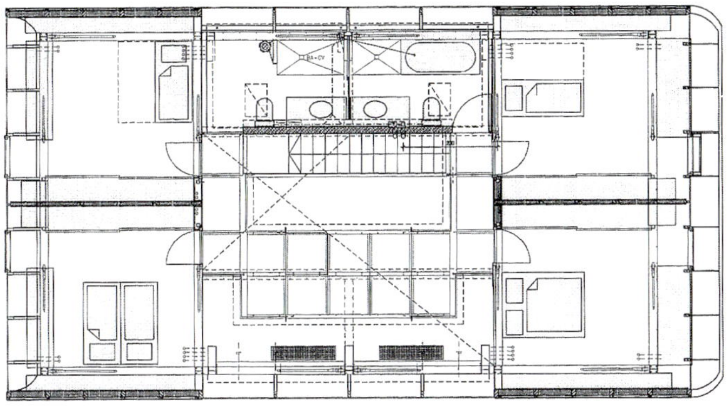

Obergeschoss

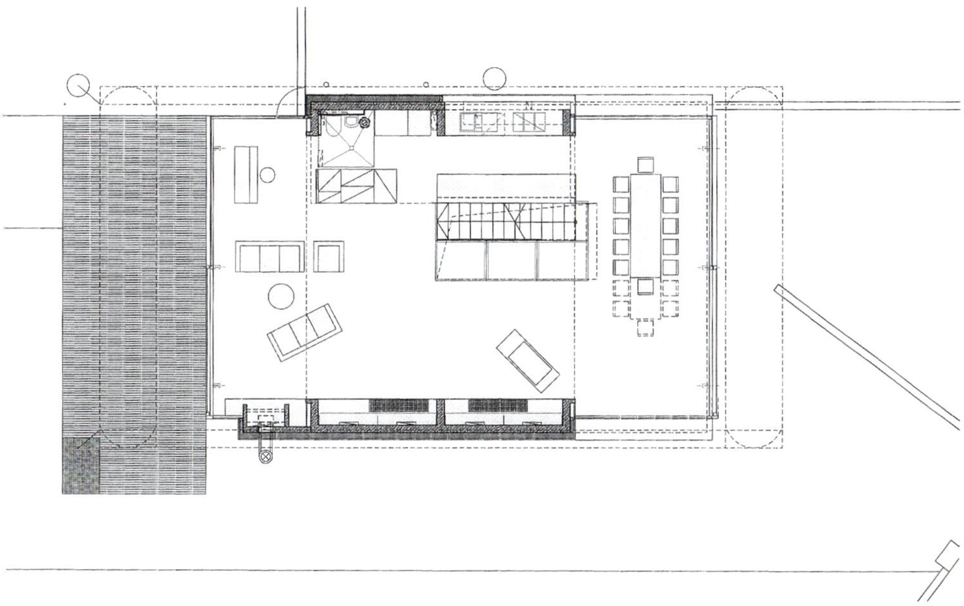

Erdgeschoss

Vita

Georg Driendl
Dipl. Ing. Architekt
Mariahilferstraße 9
A-1060 Wien

arch.driendl@aon.at

Geburtsjahr:	1956
Studienort:	Akademie der Bildenden Künste Wien
Eigenes Büro seit:	1985
Anzahl der Mitarbeiter:	9
Lehrtätigkeit:	diverse Gastprofessuren in Österreich und Deutschland

Arbeitsschwerpunkte
Ökosozialer, kostengünstiger Wohnungsbau, Flex-Space-Bürobau, Schulbau, Museums- und Ausstellungsbau, Privathäuser, Möbel

Arbeits- und Entwurfsphilosophie
Das Ziel bei allen Bauaufgaben ist, mit geringstmöglichem Einsatz von Mitteln größtmögliche Wirkung an Qualität und Effizienz für den Benutzer zu erzielen.

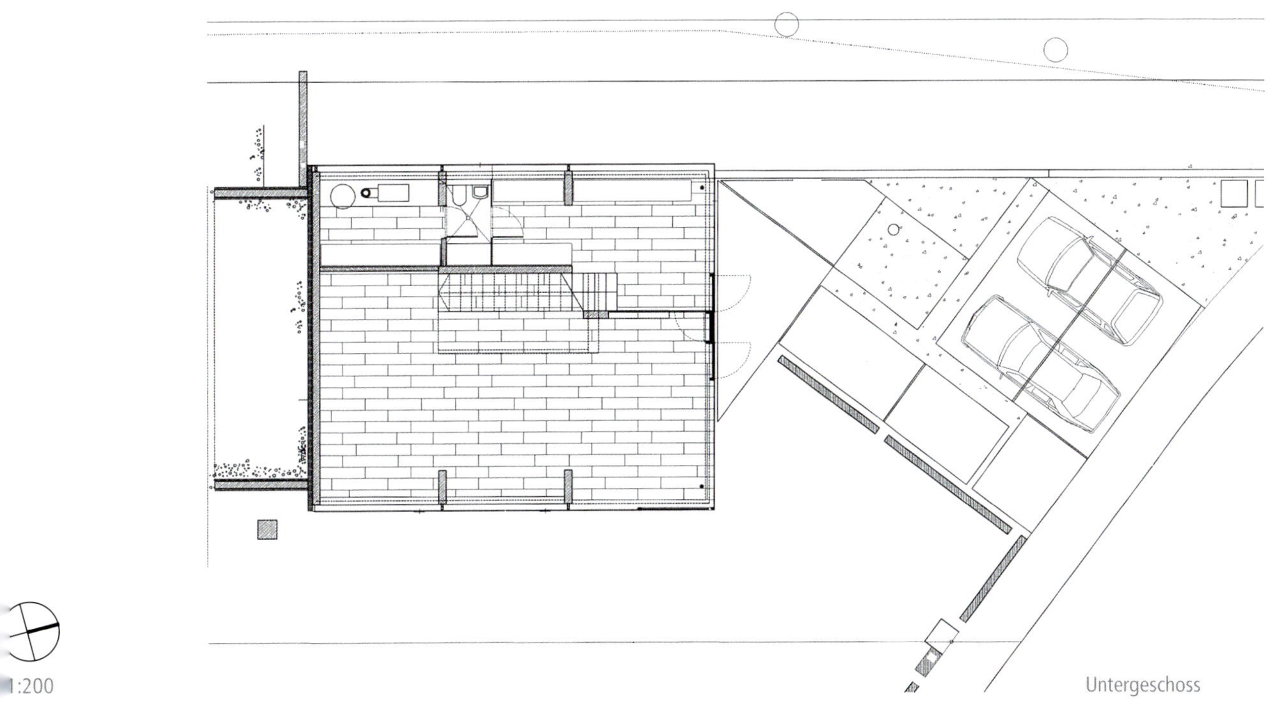

1:200

Untergeschoss

Gegenüber: Lehm – ein Baumaterial, das eine ganz eigene, materialimmanente Ästhetik hervorbringt: archaisch in seiner Massigkeit und wohltuend in Struktur und Farbigkeit. Diese Architektur ist wahrhaftig, das Material hat den Entwurf geradezu bedingt.

Blick auf die Südfassade.

Ausgangssituation

Die Bauherren wünschten sich ein Haus mit vielfältigem Raumprogramm – neben den Wohn- und Schlafräumen Büro-, Atelier- und Werkstattflächen. Es sollte aus natürlichen Materialien bestehen und die Möglichkeit des Mitbauens von Familienmitgliedern und Freunden bieten.

Grundriss

Das Gebäude entwickelt sich entlang einer Nord-Südachse zur Sonne hin, in seiner Raumgliederung einer mehrfach abgeknickten Mauer folgend. Dabei erschließt und inszeniert die Wegführung durch das Haus in seinen Blickbezügen die gesamte umgebende Bergwelt.

Architektur, Form, Detail

Das Haus stellt sich konstruktionsbedingt nicht als kompaktes, sondern vielmehr als unter der Sonne entfaltetes Volumen dar, mit vielen abwechselnd beschienenen Flächen, deren Licht- und Schattenspiel die Plastizität inszenieren – mit vielen wechselnden Stimmungen im Sonnenlauf des Tages und der Jahreszeit. Somit erinnert das Entwurfskonzept an die persische Tradition, dass Architektur die gebaute Antwort auf den Umgang mit Licht und Schatten ist.

Konstruktion

Der Bau wurde mit tragenden Stampflehmwänden errichtet, wobei die abgeknickte Ostwand sowohl der Stabilität als auch der Raumerweiterung dient. Das Obergeschoss dagegen ist eine Holzriegelwand mit Strohlehmfüllung, verkleidet mit Lehmputz. Die Deckenuntersicht besteht aus Lehmbauplatten, Lehm-Kasein-Spachtelungen erzeugen die charakteristischen Wandtöne und Strukturen.

Materialwahl

Das Haus materialisiert ökologische Überlegungen und Konzepte. Ein Material – Lehm – wird in seinen Möglichkeiten durchgespielt. Woher kommt der Lehm? Aus der Baugrube selbst, wird also an Ort und Stelle gewonnen. Die Grasnarbe wird geöffnet, das Baumaterial herausgeholt, eine Ebene höher geschafft, statisch und organisatorisch ausgerichtet, durchlüftet, getrocknet. Die Grube bleibt erhalten, Raum entsteht durch Materialumlagerung. Warum Lehm? Das Baumaterial muss nicht gekauft werden, es werden nur Zusatzstoffe beigegeben. Der Baustoff Lehm muss eines Tages nicht extra entsorgt werden, er fällt in sich zusammen und wird wieder zu Erde. Kein Sondermüll, keine Entsorgungskosten. Das Holz wird ausgebaut und wiederverwendet.
Aber natürlich ist das Haus so gebaut, dass es nicht sofort in sich zusammenfällt.

Energiekonzept

Eine Hypokaustenheizung versorgt das Gebäude mit Wärmeenergie, als Brennstoff dient Holz. Die Südwand ist wesentlicher Sonnenkollektor mit direktem Energieeintrag in die massive Trombe-Wand. Dabei nutzt die Gebäudeplastik das Prinzip möglichst vieler von der Sonne beschienener Wände – eine bewusste Abkehr von der simplen Doktrin der Flächenminimierung. Der Brennstoff Gas wird allein für die Badheizung und die Warmwasserbereitung eingesetzt, wenn die angeschlossene Solaranlage wetterbedingt unterstützt werden muss.

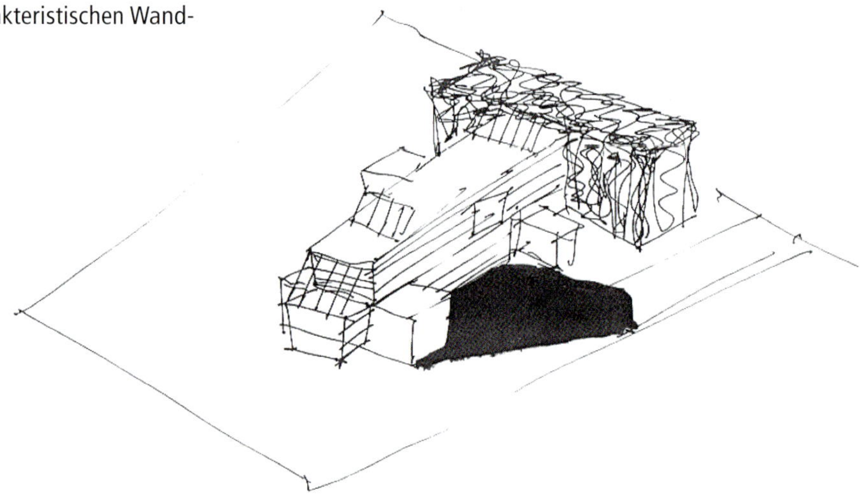

Niedrigenergiehaus in Vorarlberg

Die Faszination der Kreativitä

– warum nicht mit Lehm bauen?

Oben links: Auch im Inneren bleibt der Baustoff formal gegenwärtig – ohne sich dabei bauideologisch aufzudrängen.

Oben rechts: Das Treppenhaus mit der in beiden Geschossen erlebbaren Lehmwand. Das Oberlicht sorgt für interessante Lichtspiele und erinnert an die Verwandlung von Lehm zu Baumaterial – ohne die Kraft der Sonne keine Trocknung.

Links: Der zentrale Wohnbereich mit vielfältigen Blickbezügen in die umgebende Bergwelt. Der Raumfunktion angemessen, sind die Lehmwände geglättet, die sichtbare Struktur der Vertikalen ist bewusstes Gestaltungsmittel – eine wohnliche Architektur, die ohne Versatzstücke falscher Gemütlichkeit auskommt.

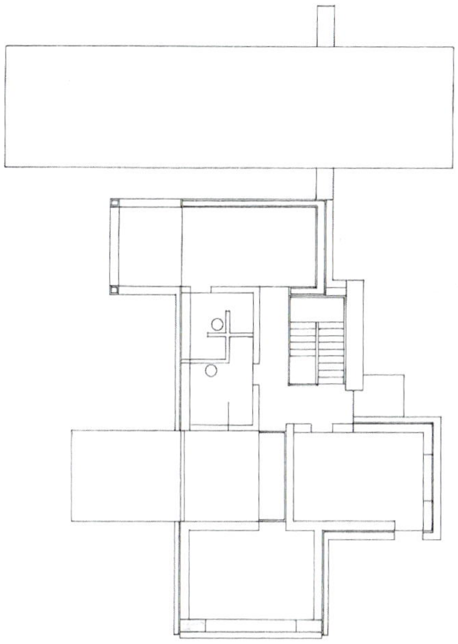

Obergeschos

Vita

Robert Felber
Architekt
Friedlgasse 21/8
A-1190 Wien

Entwicklung von Lehmbaudetails, Planung und Herstellung zusammen mit Martin Rauch

Geburtsdatum:	1956
Studienort:	Hochschule für angewandte Kunst in Wien
Eigenes Büro seit:	1987
Anzahl der Mitarbeiter:	2–4

Arbeitsschwerpunkte
kleine Architekturen bis städtebauliche Konzepte

Arbeits- und Entwurfsphilosophie
Entwicklungen und Erfindungen, Gestalt(er)findungen, keine toten Typen, Potenzial einer Aufgabe erkennen und zu Raumgewinn entwickeln. Der Sinn von Architektur liegt im Raumgewinn. Das Büro als kompakte, konzentrierte Kreativzelle.

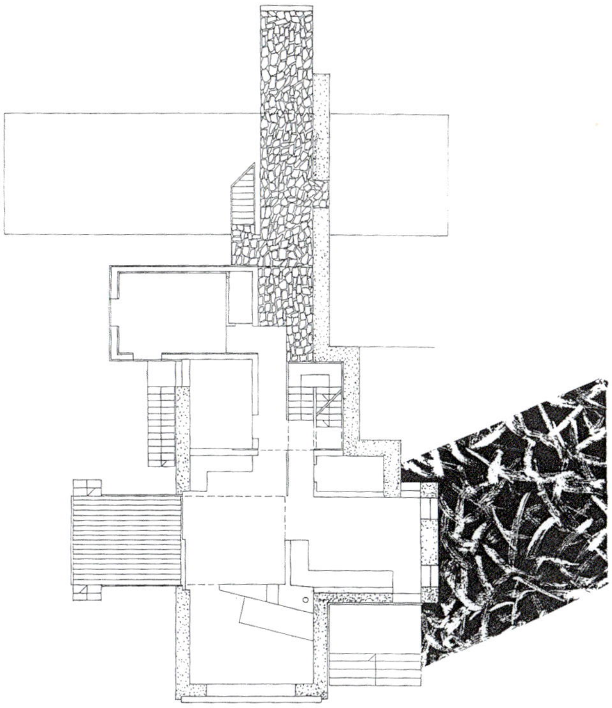

Erdgeschoss

1:300

Daten

Wohnfläche:	130 m^2
Zusätzliche Nutzfläche:	75 m^2 Keller, 60 m^2 Nebengebäude (Büro, Werkstatt, Atelier)
Anzahl der Bewohner:	5
Grundstücksgröße:	810 m^2
Grundstückscharakteristik:	parzellierter Bauplatz einer ehemals landwirtschaftlich genutzten Fläche
Baujahr:	1998
Planungszeit:	15 Monate
Bauzeit:	30 Monate – lange Bauzeit bedingt durch den experimentellen Lehmbau
Baukosten brutto je m^2 Wohn- und Nutzfläche:	€ 1460,–
Baukosten brutto gesamt:	€ 256 000,–
Eigenleistung:	im Wert von € 25 000,– (einfache Zimmermannsarbeiten, Lehmbau, Ausbau, Elektrik)
Heizwärmebedarf:	60 kWh/m^2a
Jahresheizwärmebedarf:	15 850 kWh/a

Fotos: Bruno Klomfar, Wien

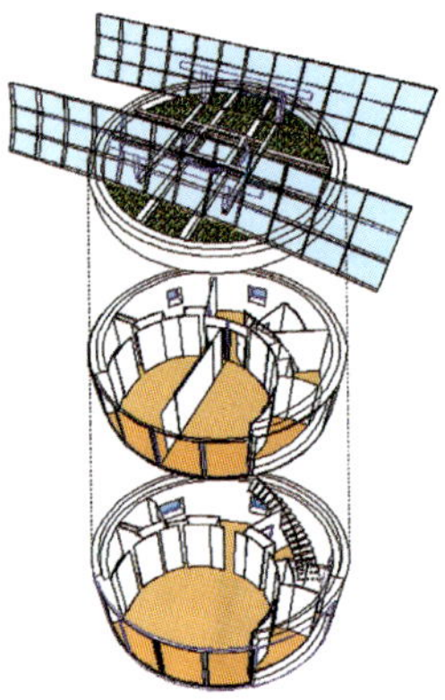

Rechts und gegenüber: Visionär ist diese Architektur ganz sicher. Und doch bietet sie schon in dieser Version eine Fülle von gedanklichen Ansätzen, die heute in jedem energieeffizienten Haus Anwendung finden könnten.

Ausgangssituation

Die Aufgabenstellung lautete »Entwicklung eines Einfamilienhauses für die Zukunft« unter dem besonderen Aspekt der globalen Energieverbrauchssituation. Ziel sollte es sein, dass mit der Nutzung dieses Hauses der Verbrauch von nicht-erneuerbarer Energie vermieden wird, wenig Bauland benötigt und eine größtmögliche Unabhängigkeit von Energieversorgungsnetzen erreicht wird.

Energiekonzept

Die Planung des EnergiePlus-Hauses setzt auf die beiden Komponenten optimaler Energiegewinn und minimierter Energieverbrauch. Den Energieeintrag leisten 40 Quadratmeter sonnenorientierte Fensterflächen, 70 Quadratmeter Photovoltaikzellen auf dem Dach und an der Fassade des Hauses sowie das horizontale Nachdrehen des Gebäudes und die vertikale Nachführung der Photovoltaikzellen zum jeweis optimalen solaren Energieeintrag.

Zum minimierten Energieverbrauch tragen die Gebäudeform mit einem guten Oberflächen-Volumen-Verhältnis bei, ebenso wie eine optimale Wärmedämmung mit zusätzlichen Dämmpaneelen vor den Fenstern – den Frachtraumtüren von Jets gleich –, die sich automatisch nachts und an kalten Tagen vor die Fenster legen, eine kontrollierte Be- und Entlüftung mit Wärmerückgewinnung und Wärmepumpeneinsatz, der auch der Kühlung im Sommer dient. Überschüssige Wärme wird in einem Speicher unter dem Gebäude zwischengelagert und im Bedarfsfall dem Haus zugeführt. Ein spezielles Energiemanagement sorgt computergestützt dafür, dass alle erforderlichen Maßnahmen der einzelnen energierelevanten Komponenten optimal ineinander greifen.

Ausblick

Das Projekt ist als Fertighaus-System konzipiert, es soll in verschiedensten Ausführungs- und Ausbauvarianten erhältlich sein. Bestellt und gekauft wird das Haus am Bildschirm, wobei sofort nach Auswahl der Ausführung und des Ausbaugrades eine exakte fotorealistische Darstellung des »Wunschhauses« sowie der Kaufpreis und der Liefertermin ausgedruckt werden.

Das Projekt mit dem Namen »Gemini« – benannt nach dem bemannten Weltraumprojekt der Amerikaner im Jahre 1962 – formuliert Denkansätze für die Bewältigung irdischer Wohn-und Energieprobleme (Energieerzeugung im Wohnhaus selbst). Das Raummodul bewegt sich synchron zur Sonne – damit ist der Solarenergiegewinn garantiert, der bewusste Umgang mit Energie wird zelebriert. Damit ist das Projekt nicht nur gebauter Beleg für den möglichen Technologiestatus und die Planungskultur am Beginn des 21. Jahrhunderts, es setzt vor allem die Bereitschaft für eine offene Kommunikation unter Fachleuten voraus – im besten Sinne also ein Haus mit Zukunft, auch wenn sicher nicht alle Fassetten einer solchen Architektur breiten Anklang finden. Einen wichtigen Beitrag zur Weiterentwicklung der Bautechnologie, die noch immer in der jahrhundertealten Handwerkstradition verharrt, stellt es allemal dar. Schließlich sind die Potenziale für eine ganzheitlich intelligente Architektur noch lange nicht ausgeschöpft.

EnergiePlus-Haus
in Weiz

Das Sonnen-Wohn-Kraft

 Architekt: Erwin Kaltenegger, Passail

werk-Haus – keine Vision!

Der Innenausbaustandard entspricht formal einem herkömmlichen Einfamilienhaus und lässt sich in jede Designrichtung variieren. Hier hält sich das Visionäre eher im Hintergrund, was den Bauherren die Entscheidung für ein solches Hightech-Haus sicher erleichtern wird.

Gekrümmte Außenwände schränken die Nutzung der Stellflächen zwar ein, bieten aber auch einen interessanten Gestaltungsaspekt. An Geborgenheit lässt es der Grundriss jedenfalls nicht fehlen.

Ein experimentelles Musterhaus muss auf Effekte setzen. Denkt man sich die großen plakativen Gravuren in den Glasscheiben aber weg, so vermittelt der Innenausbau gut durchdachte und vor allem wohnliche Elemente – und kein Leben in der Laboratmosphäre.

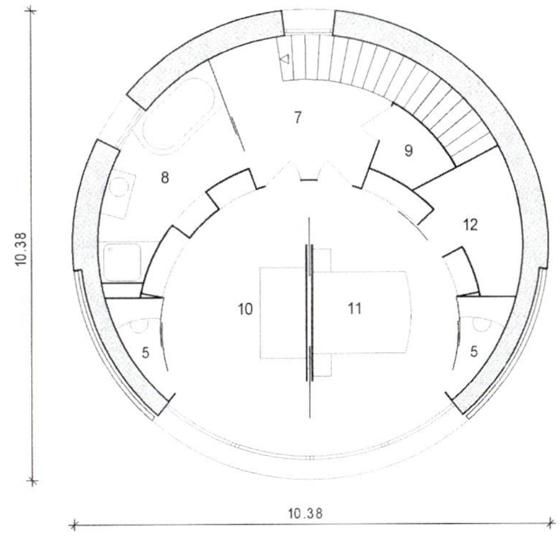

Obergeschoss

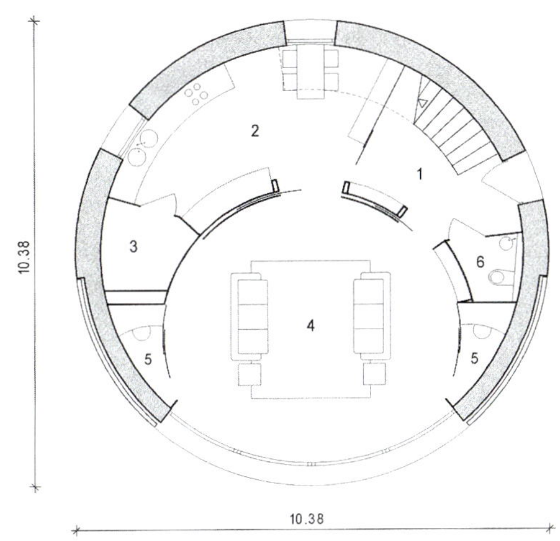

1 Vorraum
2 Küche/Essen
3 Abstellraum
4 Wohnraum
5 Arbeitsnische
6 WC
7 Vorraum
8 Bad
9 Technik
10 Zimmer
11 Eltern
12 Schrankraum

Erdgeschoss

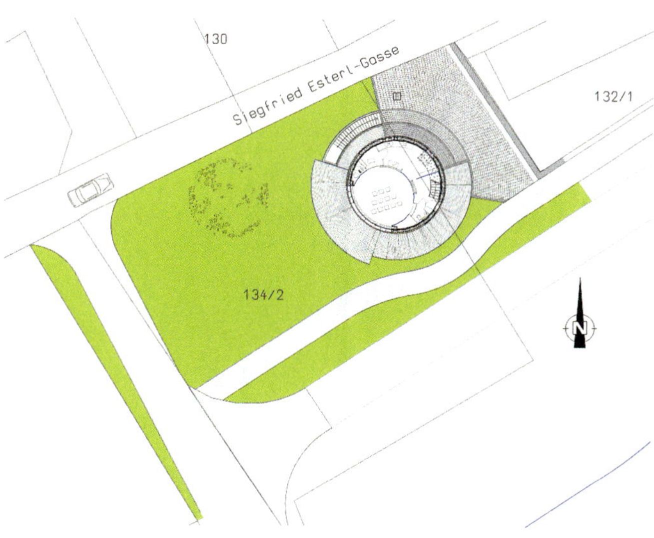

:200

Vita

Erwin Kaltenegger
Dipl. Ing. Architekt
A-8162 Passail 390

dike@aon.at

Geburtsjahr:	1960
Studienort:	Technische Universität Graz
Eigenes Büro seit:	1993
Anzahl der Mitarbeiter:	5

Arbeitsschwerpunkte
Innovative, energieoptimierte Gebäudekonzepte, Solares Bauen, Tageslichttechnik für Wohn- und Bürogebäude

Daten

Wohnfläche:	124 m²
Zusätzliche Nutzfläche:	71 m² Keller
Anzahl der Bewohner:	1–3
Grundstücksgröße:	hier 800 m², sehr viel kleinere Grundstücke sind denkbar
Grundstückscharakteristik:	Teilfläche eines innerstädtischen Gemeindegrundstücks
Baujahr:	2001
Planungszeit:	20 Monate
Bauzeit:	7 Monate
Baukosten brutto gesamt:	ca. € 510 000,–
Heizwärmebedarf inklusive Warmwasserbereitung:	5600 kWh/a
Gesamtstromverbrauch (Beleuchtung, Kochen, Wärmepumpe, Lüftung, Drehmechanismus):	3500 kWh/a
Energiegewinn durch Vakuum-Röhren-Kollektor:	4000 kWh/a
Ertrag Sonnenfenster:	1200 kWh/a
Restwärmebedarf (Wärmepumpe):	400 kWh/a
Stromertrag durch Photovoltaikanlage:	8500 kWh/a
Jahresstromüberschuss zur Netzeinspeisung:	5000 kWh/a

Fotos: Harald Eisenberger

Reihenhaus in Niedrigenergiebauweise bei Salzburg

Überzeugend und bunt aus

Gegenüber: Wenn doch alle Reihenhäuser so charaktervoll und ungewöhnlich wären! Die Wohnform Reihenhaus hätte ganz schnell eine willkommen andere Käuferklientel. (In diesem Fall kommt der Mittelbau auch mit den Nachbarn gut aus – auch das sicher ein Einsehen in die Wohnqualität dieses ungewöhnlichen Konzeptes.)

Rechts: Detail der Gartenfassade mit den breiten, eingezogen angeschlagenen Türen, die dem Haus eine ungewöhnliche gestische Großzügigkeit verleihen.

Planungskonzept

Die Familie wollte eigentlich im »Grünen« bauen, musste diesen Wunsch aber wegen der hohen Grundstückspreise aufgeben. Da neben den fünf Familienmitgliedern auch Arbeitsräume für die eigene Firma im Hause untergebracht werden sollten, war der Platzbedarf erheblich. Außerdem schwebte den Bauherren ein loftartiges Gebäude vor – jedenfalls kein Reihenhaus!

Der Vorschlag der Architekten lautete dann ganz pragmatisch, das günstige Grundstück zwischen den anderen Reihenhäusern zu kaufen und das eigene Haus als Tor in die weite Welt zu interpretieren: Durch konsequente Auflösung der Fassaden in Glas, vollflächig bis in den Keller. Beiden Fassaden ist ein schmaler Hof zur Belichtung des Untergeschosses vorgelagert. Auf diese Weise konnte der Baugrund optimal genutzt werden – selbst der Vorplatz ist unterkellert und die umgebende Landschaft wird optisch als zusätzliche Erweiterung des Hauses empfunden.

Entstanden ist ein Wohn- und Lebensgefühl wie in einem Einfamilienhaus mit durchgehenden Raumzonen, intensiver Belichtung und Besonnung von Osten und Westen. Die innenräumliche Konzeption schafft weite Durchblicke, unterstützt durch die asymmetrisch gelagerten großen Türelemente, die im geöffneten Zustand den Innen- mit dem Außenraum verbinden. Lufträume zwischen den Geschossen machen das Haus innen rhythmisch erlebbar und begehbar – sie sind gleichzeitig 67 Quadratmeter Raumreserve, die zu einem späteren Zeitpunkt in zusätzliche Wohnfläche umgewandelt werden können.

Das Untergeschoss wird durch zwei Lichthöfe atriumartig belichtet und gestalterisch gefasst, sodass keine Kelleratmosphäre entsteht.

Ökologische Aspekte

Es handelt sich um ein Niedrigenergiehaus mit großflächigen Glasfassaden, deren k-Wert 0,5, der der Türpaneele 0,2 beträgt – ein hoher Dämmwert bei gleichzeitiger Öffnungsmöglichkeit der Innenräume nach außen. Eine gemeinsame Hackschnitzelanlage versorgt alle vier Reihenhäuser, Warmwasserkollektoren unterstützen die Heizung. Eine kontrollierte Wohnraumlüftung mit 80 Prozent Wärmerückgewinnung trägt außerdem entscheidend zum geringen Jahresenergieverbrauch von unter 35 kW/m² bei.

 Architekten: Lechner + Lechner, Salzburg

der Reihe getanzt

Die Eingangsfassade – anders als die der Nachbarn, aber nicht provozierend, eher formal vermittelnd zwischen Standard und Avantgarde.

Die Stege zu den Eingangstüren überbrücken den vorgelagerten Lichthof im Untergeschoss, das dadurch eine eigenständige Geschossqualität erfährt – eben keine Kelleratmosphäre.

Ein lichter Arbeitsplatz im Untergeschoss. Mit wenig entwurflichen Mitteln ist hier ohne große Mehrkosten ein interessanter Raum entstanden.

Der Eingangsbereich mit dem Zugang zum Büro, der sich über eine Schiebetür abtrennen lässt, geöffnet aber ein willkommenes Volumen erschließt.

Die Brücke im 1. Obergeschoss mit dem Aufgang ins Dachgeschoss, das sich über eine »Falltür« abtrennen lässt.

Der lichtdurchflutete Flur im 1. Obergeschoss mit dem transparenten Bad.

Der Allraum im Erdgeschoss mit offener Küche. Auch hier wurde durch ein intelligentes Raumkonzept eine optimale, großzügige Wohn- und Lebensatmosphäre geschaffen.

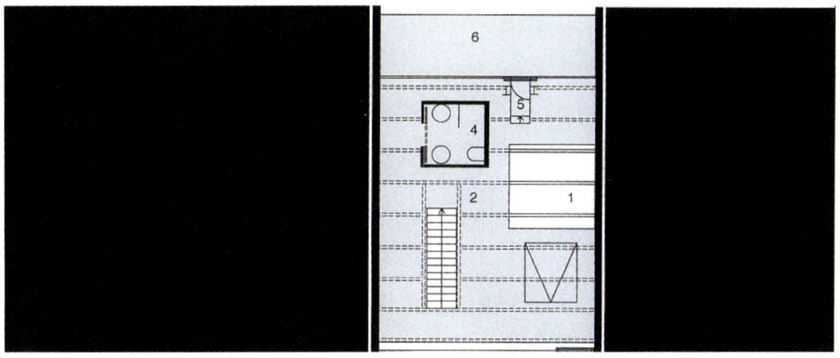

Dachgeschoss

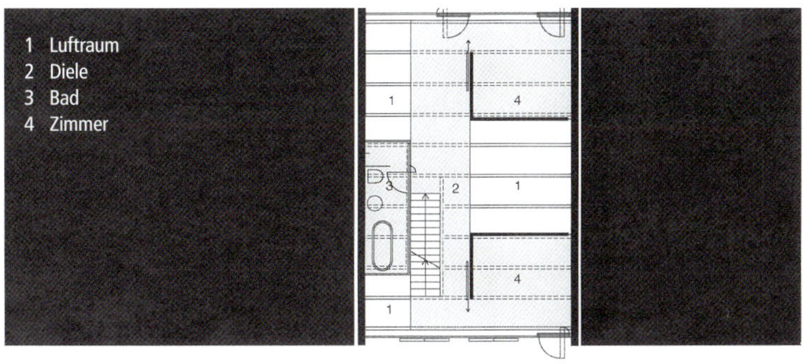

1. Obergeschoss

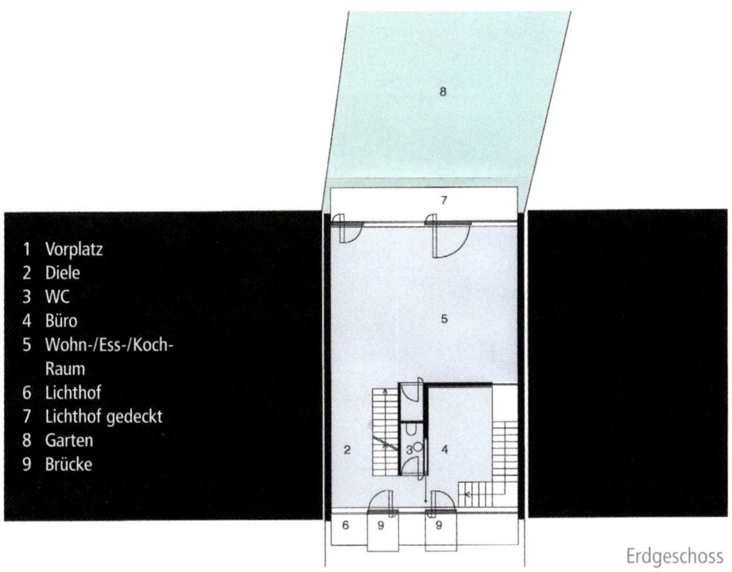

Erdgeschoss

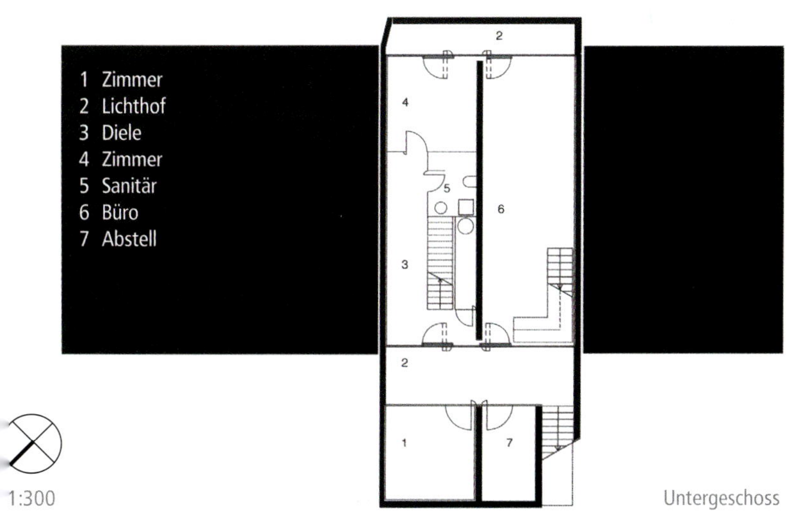

Untergeschoss

Vita

Christine Lechner Horst Lechner
Architekten
Priesterhausgasse 18
A-5024 Salzburg

architekten-lechner@aon.at

	Christine Lechner	Horst Lechner
Geburtsjahr:	1960	1959
Studienort:	Kunstuniversität Linz	Kunstuniversität Linz
Eigenes Büro seit:	1987	
Anzahl der Mitarbeiter:	k.A.	

Arbeitsschwerpunkte
Wohnbau, städtebauliche Projekte, Design

Arbeitsziele
Konzepte zur Reparatur der Landschaft, keine/geringe Belastung der Infrastruktur, autarkes Wohnen – Architektur als Forschungsstation für den Bewohner und die Gesellschaft. Das Haus als Sende- und Empfangsstation: zukunftsträchtig, innovativ, scharf, schlicht, solid, einfach, differenziert, ökologisch, zeitgemäß, barock.
Projekte sind Wegstationen zum Ziel.

Daten

Wohnfläche = Nutzfläche in Wohnraumqualität:	278 m² UG = 103 m², EG = 75 m², OG = 56 m², Turmzimmer = 44 m²
Anzahl der Bewohner:	5
Grundstücksgröße:	240 m²
Grundstückscharakteristik:	Teilgrundstück einer Reihenhauszeile mit vier Häusern
Baujahr:	1998
Baukosten brutto je m² Wohn- und Nutzfläche:	€ 1315,–
Heizwärmebedarf:	unter 35 kWh/m²a (ohne solare Zugewinne gerechnet)

Fotos: S. 144–148 Dietmar Tollerian, Linz;
S. 149: Martin Fengel, München

Aufgabenstellung und Entwurfskonzept

Ziel war es, auf einem kleinen, steilen Grundstück mit bescheidenen finanziellen Mitteln eine ausreichend große Wohnfläche zu schaffen. Das Grundstück mit weniger als 300 Quadratmeter und einer Hangneigung von 30 Grad galt als unbebaubar, hatte aber den Reiz der günstigen Südwest-Lage am Ortsrand. Da die Umgebung durch sehr unterschiedliche Holzbauten geprägt ist, galt es einerseits, sensibel auf dieses Umfeld mit einer originären Holzbaulösung zu reagieren, andererseits konstruktiv der schwierigen Grundstückssituation zu begegnen.

Das Resultat ist ein Gebäude mit einem massiven Betonsockel und im Kontrast dazu einer aufgesetzten leichten Holzfertigteilkonstruktion. Keller- und Untergeschoss liegen auf der Rückseite vollkommen im Erdreich und fangen auf einer Grundfläche von 50 Quadratmeter den Hangdruck ab. Dabei kragt die Untergeschossdecke nach hinten aus und bildet die etwa 70 Quadratmeter große Hauptwohnfläche im Erdgeschoss. Darüber wurde die zweigeschossige Holzkonstruktion mit einem geräumigen Luftraum nach Süden errichtet, die dem Gebäude das prägnante Gesicht verleiht.

Auf Vordächer wurde bewusst verzichtet, damit das unbehandelte Lärchenholz möglichst gleichmäßig verwittert und sich schon bald harmonisch in das gewachsene, alte Ortsbild einfügt, ohne sich jedoch dem traditionellen Formenkanon anzupassen.

Gebäudeorganisation

Vom Autoabstellplatz wird ebenerdig das Kellergeschoss erreicht, dessen Räume sich um einen durch eine Glasbausteinwand belichteten Hobbybereich gruppieren. Über einen kleinen Vorraum gelangt man nach oben ins Untergeschoss, wo sich der eigentliche Eingang des Hauses auf der dreigeschossig verglasten Südwest-Ecke befindet. Auf dieser Ebene gibt es eine kleine Einliegerwohnung, die ohne Kontakt zur Familie in den oberen Geschossen auch vermietet werden kann. Vom verglasten Eingangsvorraum werden über eine Holztreppe das Erd- und Obergeschoss aus Holz mit einer Grundfläche von je 70 Quadratmeter erschlossen.

Das Erdgeschoss wird von einer Mittelwand aus Sichtbeton und der daran befestigten Holztreppe in zwei Zonen geteilt, nordseitig in den intimeren Wohn- und südseitig in den exponierten Essbereich im Luftraum mit angeschlossener Küche nach Osten. Mehrere Glastüren bieten Zugang in den steilen Garten, der südseitig eine kleine Terrasse freigibt. Die Holztreppe führt über den Luftraum in das Obergeschoss mit den Privaträumen, die sich um eine Galerie mit Blick auf den Ort gruppieren.

Die Wärmeversorgung des hochgedämmten Gebäudes übernimmt eine Ölheizung, die die Heizkörper in den Zimmern versorgt, während die Neben- und Nassräume über Fußbodenheizung verfügen. Im Bereich der großen Südwest-Verglasung gibt es Unterflurkonvektoren.

Das Gebäude erfüllt den Niedrigenergiestandard.

Rechts und gegenüber: In einem durch Tradition geprägten Ortsbild kann neue Architektur sprachlos bleiben, im Konventionellen steckenbleiben oder sich zu Wort melden. Hier wird der Dialog zwischen Gestern und Zukunft angeboten – einfühlsam und doch entschlossen, schließlich unterliegen gerade in einst landwirtschaftlich geprägten Regionen die Ortschaften einem dramatischen funktionalen Wandel. Dieses Projekt wagt den architektursprachlichen Übergang.

Niedrigenergiehaus in Matrei/Osttirol

Architektur, die den Dialog

mit der Vergangenheit sucht

Ein solches Raumerlebnis hat es in den traditionellen Häusern des Ortes natürlich nie gegeben – aber ist das ein Grund, sich in kleine, dunkle Stuben zurückzuziehen? Gebaute Architektur ist auch immer Abbild gesellschaftlicher Veränderungen – hier hat sie Zeichen gesetzt, die überzeugen.

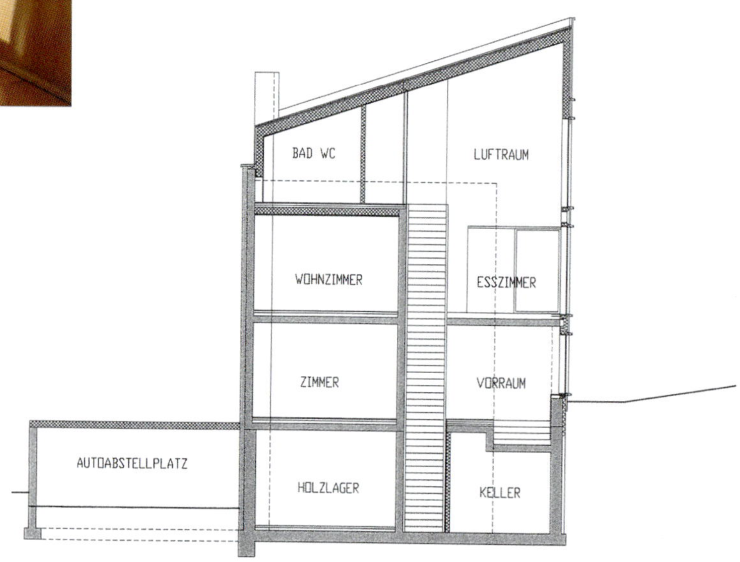

Schnitt

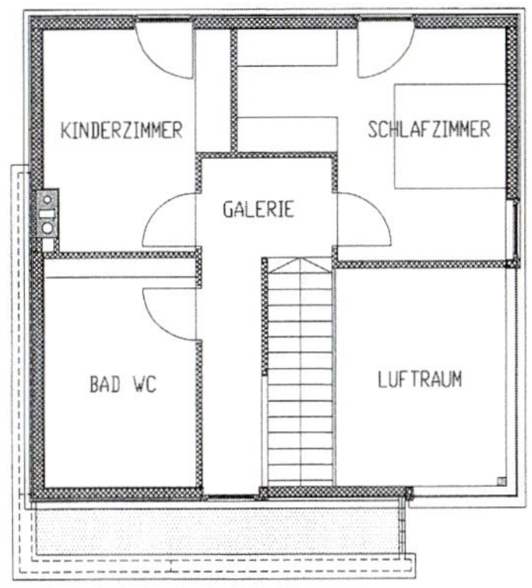

Obergeschoss

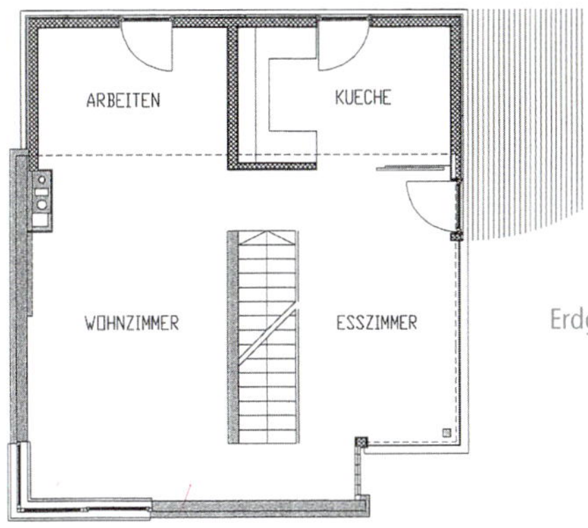

Erdgeschoss

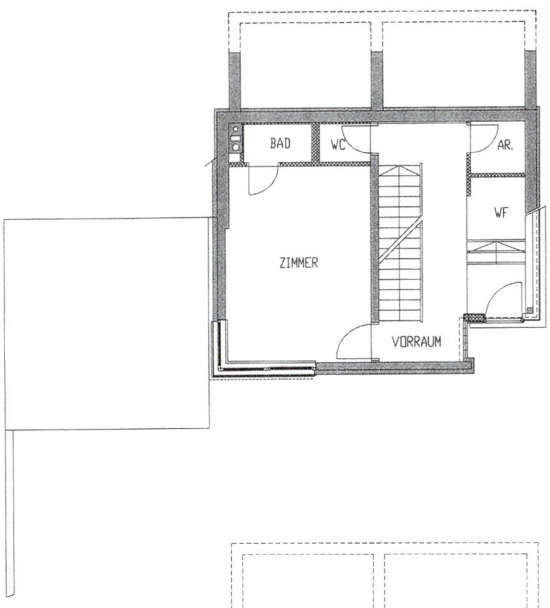

Untergeschoss

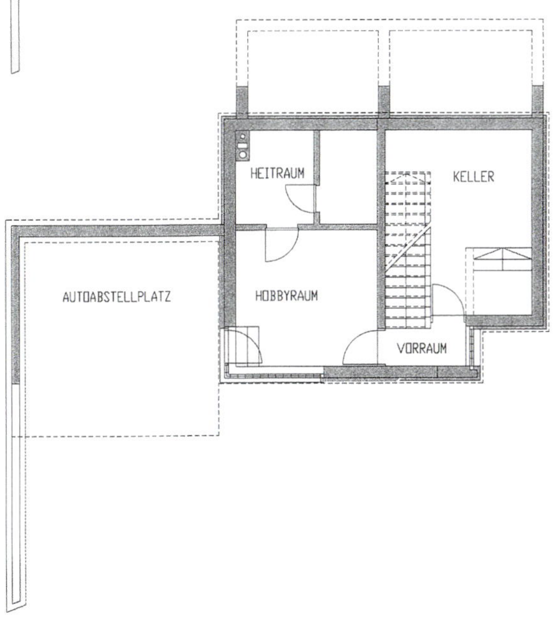

Kellergeschoss

1:200

Vita

Reinhard Madritsch
Dipl. Ing. Architekt
Adolf-Pichler-Platz 12
A-6020 Innsbruck

r.madritsch@chello.at

Geburtsjahr:	1968
Geburtsort:	Wien
Studienort:	Wien, Innsbruck
Eigenes Büro seit:	2000
Anzahl der Mitarbeiter:	1

Arbeitsschwerpunkte
Wohnbau, Einfamilienhäuser, Holzbau und Niedrigenergiehäuser, Innenausbau, Sanierungen, städtebauliche Projekte

Arbeits- und Entwurfsphilosophie
»Funktionell, kostengünstig mit klarem Konzept und einfachen Lösungen bauen.«

Daten

Wohnfläche:	150 m²
Zusätzliche Nutzfläche:	50 m² (Hobby- und Abstellräume im Keller)
Anzahl der Bewohner:	2
Grundstücksgröße:	290 m²
Grundstückscharakteristik:	Steiles Grundstück nach Westen abfallend mitten im ältesten Ortsteil von Matrei
Baujahr:	1998/99
Planungszeit:	18 Monate
Bauzeit:	16 Monate
Baukosten brutto je m² Wohn- und Nutzfläche:	€ 1315,–
Baukosten brutto gesamt:	€ 263 000,–
Heizwärmebedarf:	88,43 kWh/m²a
Jahresheizwärmebedarf:	13 000 kWh/a

Fotos: Nikolaus Schletterer, Innsbruck

Gegenüber: Die vier Reihenhäuser mit optimaler Gebäudeausrichtung und herrlichem Naturbezug – und der hohen Nutzungsqualität als Passivhaus zu attraktiven Baukosten.

Architekturkonzept

Auf nur 1440 Quadratmeter Grundstücksfläche wurden in einem Bergdorf in Vorarlberg sechs verdichtete Wohneinheiten in Niedrigstenergie-/Passivhausqualität errichtet, deren Entwurf auf die Maßstäblichkeit der ländlichen Umgebung, auf die Volumen der umgebenden Bauernhöfe und besonders auf die Topografie des Bauplatzes reagiert. Die vier zweigeschossigen Einheiten staffeln sich entlang der Zufahrtsstraße in deren Gefälle, während die zwei dreigeschossigen Gebäude an der südlichen Bebauungsgrenze liegen und in bewusstem Gegensatz als punktförmiger Baukörper ausgebildet wurden, der sich leicht nach Süden herausdreht. So entsteht eine spannungsvolle Außenraumbeziehung zwischen den größeren und den kleineren Einheiten, die auch mit der Topografie, der Erschließung, Besonnung und der Aussicht der Wohnungen übereinstimmt.
Die Gebäude sind klar geformt und verzichten trotz selbstbewusster Erscheinung auf jegliche Aufdringlichkeiten und modische Gesten: energieeffizientes Bauen in einem Bergdorf ohne verlogene Alpin- und Ökoromantik. Dabei steht das unbehandelte Lärchenholz der Fassade durchaus im Dialog mit den verwitterten Holzschindelfassaden der Bauernhäuser in der Umgebung, ohne aber die historische Bauweise zu kopieren.
Die um den Höhenversatz der Reihenhäuser nach unten abgesetzten, »schwebenden« Terrassen ermöglichen einen ausgewogenen, fast fotomotivhaften Bildausschnitt von den Wohnräumen auf die Umgebung: ein Drittel Garten im Hanggefälle mit den bestehenden Obstbäumen, ein Drittel weite Landschaft und Berge und ein weiteres Drittel Himmel ...

Grundriss- und Energiekonzept

Die Häuser sind stützenfrei ohne tragende Innenwände konzipiert, was den Bewohnern die Möglichkeit zur individuellen Grundrissgestaltung gab. Dabei war es das besondere Anliegen der Planung, ganz allgemein architektonische Aufgabenstellungen unserer Zeit wie bodensparendes Bauen, Schadstoffvermeidung, solare Energienutzung, Variabilität der Nutzungen und eine hohe Raum- und Detailqualität zu bieten. Das Ergebnis ist eine Wohnanlage in Passivhausqualität ohne konventionelles Heizsystem und ohne Kamine. Voraussetzung für diesen Standard sind die Kompaktheit der Baukörper, die richtige Gebäudeorientierung zur Sonne, eine entsprechende innere Zonierung der Häuser, höchste Dämmstandards und die Vermeidung von Wärmebrücken, sowie Luftdichtigkeit mit einem kontrollierten Belüftungssystem mit Wärmerückgewinnung und Vorwärmung der Luft über Erdwärmetauscher.
Angemerkt werden muss allerdings, daß all diese Maßnahmen nicht ausreichten, um den Passivstandard zu ermöglichen. Erst eine hohe Glasqualität (k = 0,5 mit thermisch getrenntem Randverbund) im Zusammenwirken mit speziell gedämmten Fensterstockrahmen ergab einen insgesamt so guten Dämmwert, dass die Energieversorgung auch unter ungünstigsten Witterungsbedingungen mit einer eigens entwickelten Mini-Wärmepumpe innerhalb der Lüftungsanlage im Passivhausstandard möglich ist.

Passivhausanlage in Batschuns/ Vorarlberg

Gute Architektur artikuliert

 Architekt: Walter Unterrainer, Feldkirch

sich selbstbewusst

Der barrierefreie Grundriss – nur die Treppe ist fix – ermöglicht dem Nutzer die freie Raumaufteilung von der loftartigen Großfläche bis zum Zimmerprinzip. Ausbaustandard, Detaillierung und Materialqualität sind auf hohem Niveau und ohne jeden falsch verstandenen ökodünkel – hier ist energieeffizientes Bauen selbstverständlicher Gebäudestandard.

Obergeschoss

Vita

Walter Unterrainer
Atelier für Architektur
Marktgasse 17
A-6800 Feldkirch

arch.unterrainer@vol.at

Geburtsjahr:	1952
Studienort:	Universität Innsbruck
Eigenes Büro seit:	1980
Anzahl der Mitarbeiter:	4–5

Arbeitsschwerpunkte
Wohn- und Gewerbebauten in Niedrigstenergiebauweise

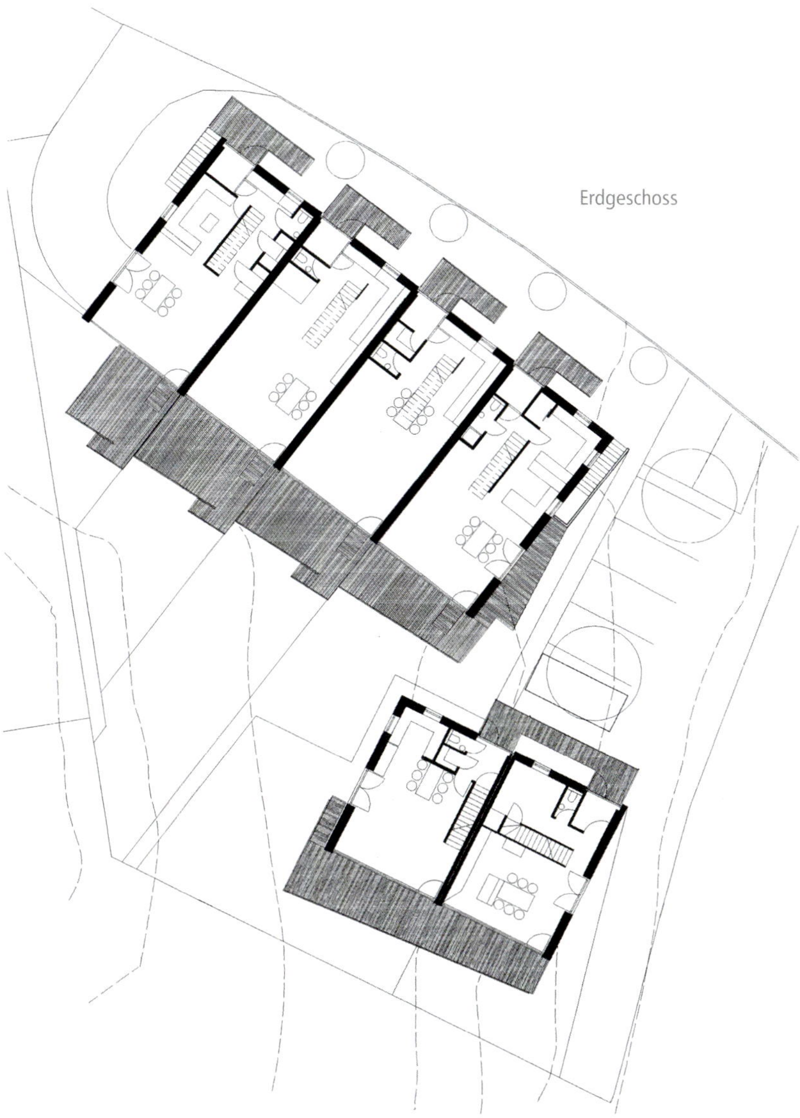

Erdgeschoss

1:400

Daten

Wohnfläche:	126 m^2 je Haus
Zusätzliche Nutzfläche:	ca. 20 m^2 Keller, gemeinsame Tiefgarage für 10 Pkw
Anzahl der Bewohner:	2–4
Grundstücksgröße:	1440 m^2
Grundstückscharakteristik:	Hanggrundstück in landwirtschaftlich genutzter Umgebung
Planungszeit:	8 Monate
Bauzeit:	18 Monate
Baukosten brutto je m^2 Wohn- und Nutzfläche:	€ 1330,–
Heizwärmebedarf:	Mittelhäuser 9,8 kWh/m^2a, Randhäuser 11 kWh/m^2a

Fotos: Margheritta Spiluttini, Wien

Gegenüber oben: Die Gebäudeorganisation nach dem Prinzip der Mehrschaligkeit sorgt nicht nur für optimale energetische Verhältnisse, sie schafft auch Raumeindrücke ganz unterschiedlicher Nutzungs- und Klimaqualität.

Gegenüber unten: Das runde, interne Treppenhaus mit dem Aufgang zur Dachebene.

Von der »Solargalerie« gibt es einen phantastischen Blick in den »Garten unter Glas« und in die weite umgebende Landschaft.

Ausgangssituation
Das Projekt wurde im Rahmen eines Flächennutzungsplanes nach den Prinzipien einer globalen Ökologie realisiert, um – auf bescheidene Weise – einen Beitrag zur langfristigen Entwicklung der Menschheit zu leisten. Dabei sollen die Einflüsse eines Hauses und seiner Bewohner auf die Umwelt möglichst begrenzt werden: durch drastische Reduktion der in das Haus eingebrachten Brennstoffe, Materialien, Luft, Wasser und auch Konsumgüter, sowie der austretenden Stoffe wie feste Abfälle, Flüssigkeiten, Gase und Verschmutzungen. Integrales Recycling hat absolute Priorität.

Energiekonzept
Das Projekt wurde ganzheitlich auf der Basis erneuerbarer Energien und einfachen physikalischen Prinzipien aufgebaut – komplizierte Spitzentechnlogien kommen nicht zur Anwendung. Die Hauptressourcen des Konzeptes sind Sonne, Wasser und Holz als gespeicherte Sonnenenergie. Zwecks optimaler Nutzung dieser Energiequellen wurde das Gebäude halbkreisförmig mit direktem Bezug zum Sonnenstand und zur Sonnenbahn ausgerichtet, wobei es sich zur Vermeidung von Energieverlusten dicht an den Hügel anlehnt. Das Problem der Gebäudehülle und -dämmung und damit des Wärmeverlustes löst das Prinzip mehrerer übereinander liegender Schichten, ähnlich den Schalen einer Zwiebel. Die äußere Schicht, die das beheizte Volumen nach außen abgrenzt, ähnelt einer Teilsphäre mit dem Vorteil einer minimalen Oberfläche bei maximalem Volumen. Im Norden, auf der Rückseite des Hauses, befindet sich ein längs verlaufender unterirdischer Bereich zur Lagerung der Energieträger, von Wasser und Nahrungsmitteln Er dient im Winter zur Gebäudedämmung, während er im Sommer willkommener Kühlraum ist und auch zur Verbesserung des Mikroklimas im Haus beiträgt.

Aktive und passive Solarenergie
Wichtiger Bestandteil des Architektur- und Energiekonzeptes ist die Nutzung der Sonnenenergie über den Treibhauseffekt aus drei gläsernen Hüllen, wobei die größte 150 Quadratmeter misst, sich über zwei Ebenen erstreckt und die Wohnbereiche erweitert, aber auch der Aufzucht von Pflanzen dient. Darüber hinaus liefern 12 Quadratmeter Wärmeaustauschplatten, die von Wasser durchströmt werden, absorbierte Sonnenenergie. Die dritte Komponente stellen 50 Quadratmeter Photovoltaikelemente, die die Sonnenenergie in Strom umwandeln und an das Stromnetz abgeben. Die gewonnene Wärme wird bei Bedarf an den Wohnbereich abgegeben oder in einem 4 Kubikmeter großen Wasserspeicher im Zentrum des Hauses gespeichert, um die Heizung sowie das warme Wasser bereitzustellen. Als zusätzliche Energiequelle dient ein Holzkessel in der Küche. Durch eine kontrollierte Belüftung mit doppeltem Luftstromkreis wird die Wärme der verbrauchten Luft zurückgewonnen. Eine solar betriebene Trocknungsanlage absorbiert die thermischen Überschüsse.

Holz und Wasser
Die Verwendung regionalen Holzes spielt eine wesentliche Rolle für das Gebäudekonzept. Es wird in der Küche zum Kochen und Heizen eingesetzt, dient als statisch wirksames Konstruktionsmaterial für Pfeiler und Wände sowie als vorfabrizierte Platten ohne Verwendung von Nägeln als Hüllflächen. Stahlbeton als schwer recycelbares Material wurde nicht eingesetzt, die notwendigen Speichereigenschaften übernehmen Holz-Lehm-Bauplatten oder Steinmauerwerk.
Das auf dem Dach gesammelte Regenwasser sowie eine Reserve aus dem 9000 Liter fassenden Tank decken den Großteil des Bedarfs ab. Dabei wird das Wasser vom Dach gefiltert und für alle Bedürfnisse im Haus verwendet. Notwendigen Spitzenbedarf liefert das örtliche Wassernetz – Trockentoiletten mit Kompostierverfahren reduzieren den Wasserkonsum. Die Abwässer aus Duschen und andere Grauwasserquellen durchlaufen diverse Stadien der Filterung und Klärung. Sie werden dem einzigen Spül-WC im Haus zugeführt und dienen der Bewässerung der Pflanzen. Damit ist auch der Wasserkreislauf geschlossen.

Niedrigenergiehaus am Genfer See

Konsequente Formensprache

 Architekt: G. Bellmann Architectes, Chailly-Montreux

ein ökologisches Gebäudekonzept

Konsequentes ökologisches Planen beginnt bei der Gebäudepositionierung – hier verbindet die Hangnutzung den überwältigenden Blickbezug auf den Genfer See mit dem willkommenen Windschutz auf der Bergseite.

Gegenüber: Leichte Sonnensegel im Inneren sorgen für den nötigen Blendschutz und verhindern ein Verbrennen der Pflanzen.

Verantwortungsvolle Bauherren, die sich ein energetisch hocheffizientes Haus bauen lassen, müssen es nicht notwendigerweise auch zeitgenössisch möblieren – eine unerwartete Kombination dennoch.

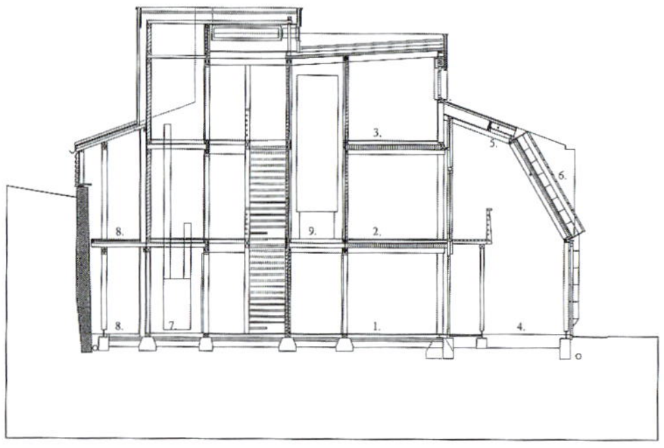

Schnitt

Daten

Wohnfläche:	320 m^2
Zusätzliche Nutzfläche:	65 m^2
Anzahl der Bewohner:	2–4
Grundstücksgröße:	2500 m^2
Grundstückscharakteristik:	großzügiges Wohnareal oberhalb des Genfer Sees
Baujahr:	1999
Planungszeit:	6 Monate
Genehmigungsverfahren:	8 Monate
Bauzeit:	16 Monate
Umbauter Raum:	2810 m^3, davon 360 m^3 Garagen
Baukosten brutto je m^2 Wohn- und Nutzfläche:	747 SFr
Eigenleistungen:	Ingenieurleistungen für alle Energieinstallationen
Heizwärmebedarf:	39 kWh/m^2a
Jahresheizwärmebedarf:	Äquivalent von 4 m^3 Holz oder 1000 m^3 Gas

Fotos: Archiv Architekt

1 Trocknungsraum
2 Zimmer
3 Bad
4 Komposttoiletten
5 Warmwasserspeicher
6 Thermische Solaranlage
7 Integriertes Photovoltaik

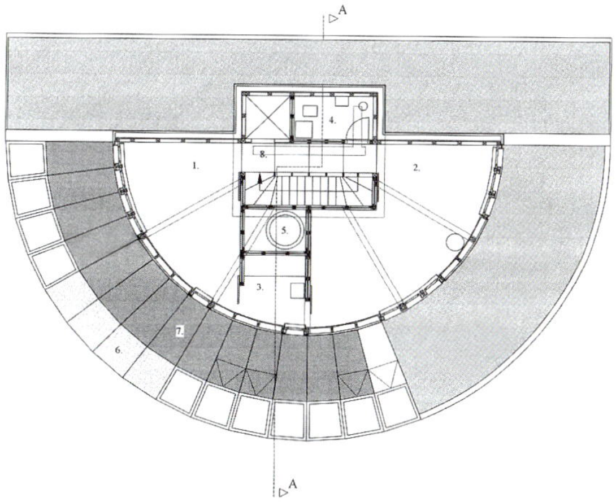

1. Stock

Vita

G. Bellmann Architectes
Dipl. Ing. Architekt EPFZ/SIA
CP 89
CH-1816 Chailly-Montreux

gbarch@span.ch
www.bellmannarchitectes.f2s.com

Geburtsjahr:	1951
Studienort:	ETH Zürich
Eigenes Büro seit:	1982
Anzahl der Mitarbeiter:	4

Arbeitsschwerpunkte

Entwicklung der Holzbautechnik und Anpassung im Rahmen der modernen Architektur
Arbeit im Bereich Denkmalpflege, Entwicklung von ökologischen Konzepten, erneuerbare Energien, energiebewusstes Bauen

Arbeits- und Entwurfsphilosophie

Architektur als expressives Kommunikationsmittel, Entwurf als Teil des historischen Prozesses, Projekt im Dienst des Auftraggebers

1 Esszimmer
2 Küche
3 Küche, Holzheizung
4 Wohnzimmer
5 Schlafzimmer
6 Bad
7 Komposttoiletten
8 Warmwasserspeicher
9 Depot
10 Frischlager
11 Kontrollierte Belüftung
12 Holzlager
13 Treibhaus mit Galerie
14 Nebentreibhaus
15 Backofen
16 Terrasse
17 Gemüsegarten

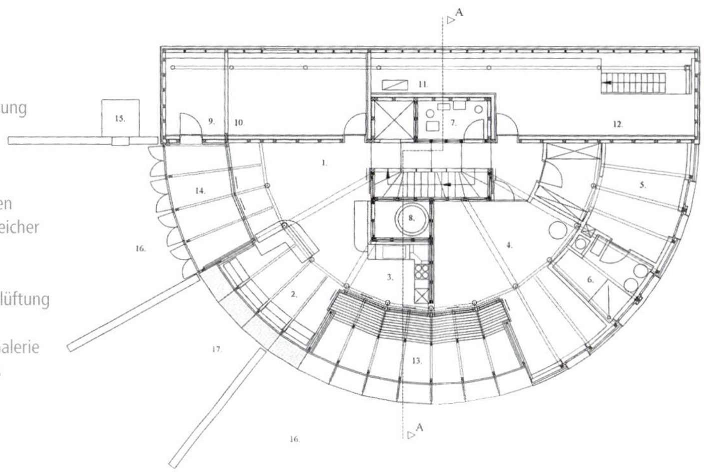

2. Erdgeschoss

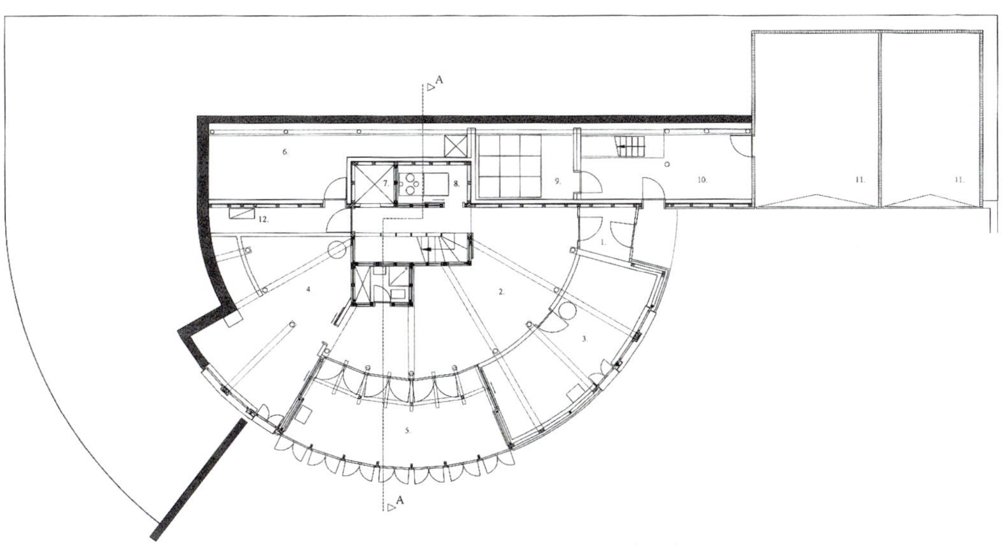

1 Eingang
2 Mehrzweckhalle
3 Werkstatt
4 Werkstatt
5 Treibhaus
6 Weinkeller
7 Lift für Behinderte
8 Kompost
9 Regenwasser-Reservetank
10 Fahrradraum
11 Unterirdische Garage, Holzkonstruktion
12 Kontrollierte Belüftung

1. Erdgeschoss

1:300

Gegenüber oben: Die spezielle Konstruktion der »Solarwand« schafft ihre eigene, ganz auf grafische Wirkung setzende Ästhetik.

Gegenüber unten: Triumph der Findigkeit: Die Architektur dieses für ein »unbebaubares« Grundstück entworfenen Hauses stellt sich als Substrat der Gedankenarbeit dar, ihre Formensprache interpretiert geradezu programmatisch die faszinierenden Qualitäten des komplizierten Bauplatzes.

Ergebnis intensiver Auseinandersetzung mit einem als unbebaubar geltendem Grundstück: überragende Architektur-, Wohn- und Standortqualität.

Entwurfskonzept

Das Grundstück galt wegen seiner geringen Größe und der baurechtlichen Bedingungen als unbebaubar – was es keineswegs war. Die Architektin konnte es daher zu sehr günstigen Bedingungen – einem »Spottpreis« – ersteigern und durch die fachgerechte Interpretation des Baurechts doch als Bauland nutzen.
Trotz der geringen Bauplatzdimensionen sollte eine möglichst große Nutzfläche realisiert werden, da das Raumprogramm sowohl einen Wohn- als auch einen Arbeitstrakt vorsah. Die Lösung bestand darin, einen langen, schmalen Baukörper an ein bestehendes Volumen, ein ehemaliges Rebhäuschen, anzubauen und die restliche Nutzfläche unterirdisch in den Hang einzugraben. Diese »Untergeschosse« haben wegen der Hanglage von über 30 Grad ebenfalls freie Sicht auf den Zürichsee. Mit dieser Geschoss- und Raumanordnung konnte der Wunsch der Architektin und Bauherrin erfüllt werden, ein Haus zu bauen, das sowohl tiefe, geborgene Höhlen, gleichzeitig aber auch luftige Räume aufweist, die sich zur großartigen Aussicht über den Zürichsee öffnen.

Konstruktion

Um das Projekt in der konzipierten Form zu realisieren, musste ein 9 Meter tiefes Loch bis an die Grundstücksgrenzen in den Hang hineingegraben werden. Nur so konnten die geringen Grundstücksdimensionen ganz ausgenutzt werden. Für das Sichern der Baugrube wendete die beauftragte Tiefbaufirma ein seit der Römerzeit bekanntes Konstruktionsprinzip neu an: Sie erstellte ein liegendes Gewölbe aus 15 Zentimeter starkem, armiertem Spritzbeton, welches sich infolge der Rundung selber trägt und den Erddruck tangential bis an die gerammten Widerlager weiterleitet – analog der Eierschale. Die erdberührenden Gebäudeteile wurden dann in Sichtbeton ausgeführt, während die herausragenden Kuben aus einer filigranen, vorgefertigten Holzstruktur bestehen. Sie erhielten eine glatte gläserne Haut, die sie leicht und luftig erscheinen lassen – wie einen Flugzeugkörper.

Energetische Aspekte der Planung

Die in die Erde eingegrabenen Räume weisen naturgemäß einen geringen Energieverlust auf. Die luftberührten Gebäudeteile sollten ihrerseits mit Hilfe des Lichtes zum günstigen Wärmehaushalt beitragen. Bei einem Besuch in der Werkstatt einer Holzbaufirma stieß die Architektin auf ein spezielles, von dieser Firma mitentwickeltes Fassadensystem: Die äußere Haut besteht aus gewöhnlichem Glas, das mit Spenglerschrauben an der Holzkonstruktion befestigt wird. Das durch das Glas einfallende Licht wird in Wärme umgewandelt.
Dahinterliegende, silbergrau gestrichene Holzlamellen führen die Wärme dem Tagesspeicher aus Gips zu, ein Effekt, der einer Heizdecke entspricht. Diese Hüllschicht hilft, neben der Wärmedämmung aus Zellulose, das Gebäude nachts nicht abkühlen zu lassen, im Gegenzug verhindert sie eine sommerliche Überhitzung. Durch diese Fassadenkonstruktion weist das Gebäude trotz seiner energetisch ungünstigen Form mit großen Oberflächen in Bezug zum beheizten Volumen sehr gute Energiekennzahlen auf. Architekten gewinnen durch die Anwendung dieses Fassadenprinzips größere Freiheit in der Ausgestaltung der Gebäudevolumen – sie sind nicht länger gezwungen, aus energetischen Gründen eine möglichst kompakte Bauform zu wählen. Ein Bauprinzip also, das mit sehr geringem technischem Aufwand ein hohes Maß an Effizienz aufweist.

Niedrigenergiehaus bei Zürich

Mit innovativen Ideen zu eine

eigenen Architektursprache

Der großzügige Essbereich unter der Aussichtskanzel, dessen gedachte Fortsetzung die Terrasse bildet.

Aufgrund der Höhenverhältnisse ist der Ess- und Küchenbereich gegen Einblicke geschützt – bei freiem Blick auf den Zürichsee. Welche Lebensqualität, welche Weite, Großzügigkeit und Eleganz!

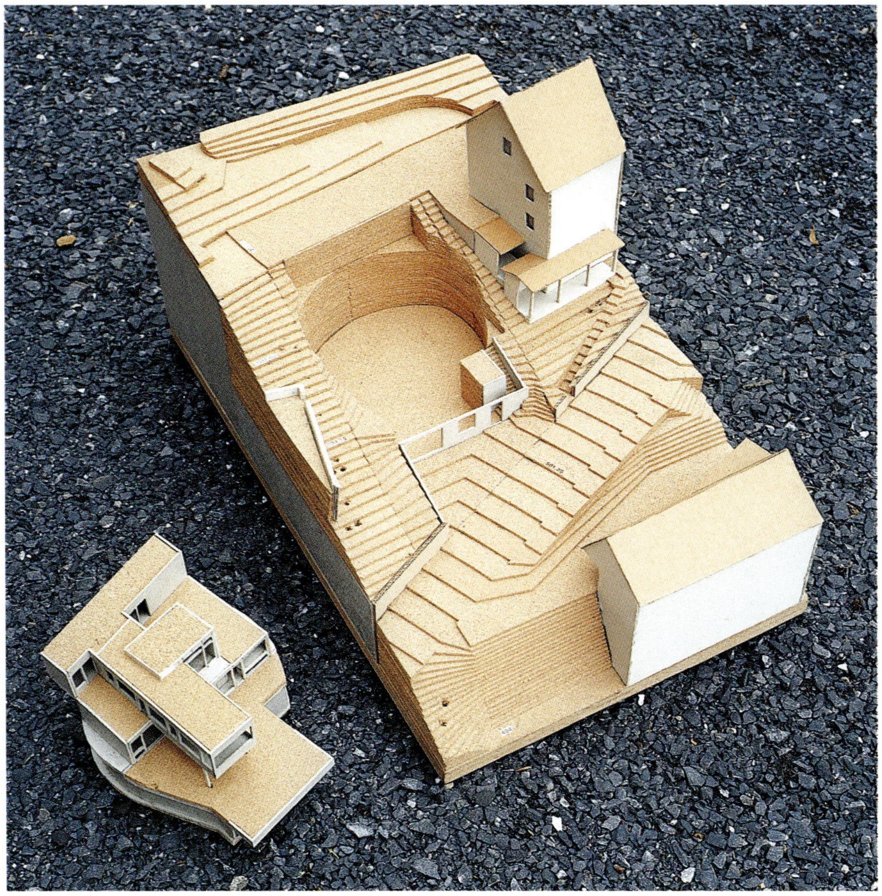

Das Einsatzmodell verdeutlicht die Komplexität des Entwurfsgedankens – die Rundung im Erdreich wird durch das liegende Gewölbe gestützt.

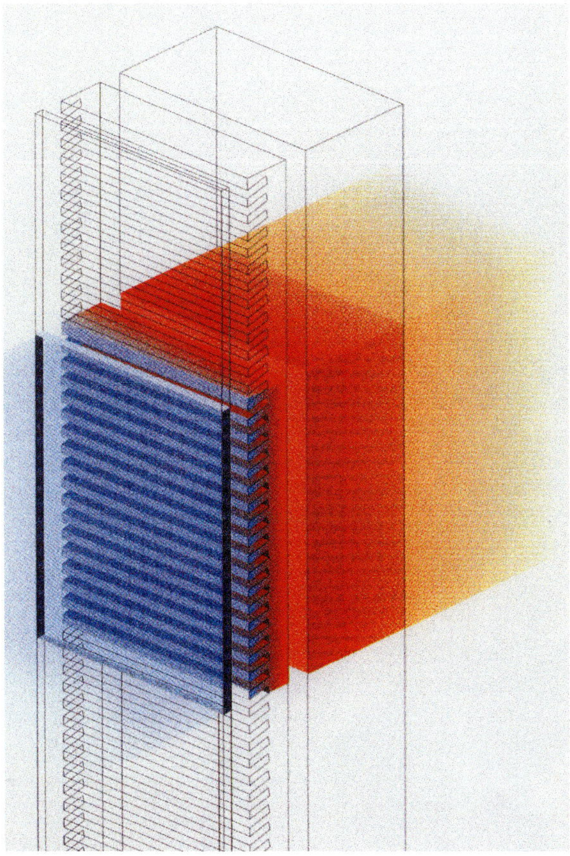

Das sehr einfache, aber überzeugende Konstruktionsprinzip der wartungsfreien, langlebigen solaren »Energiewand« mit äußerer Glasabdeckung und dahinter liegender Speichermasse. Alle sonnenorientierten Fassadenflächen dienen dem Energiezugewinn.

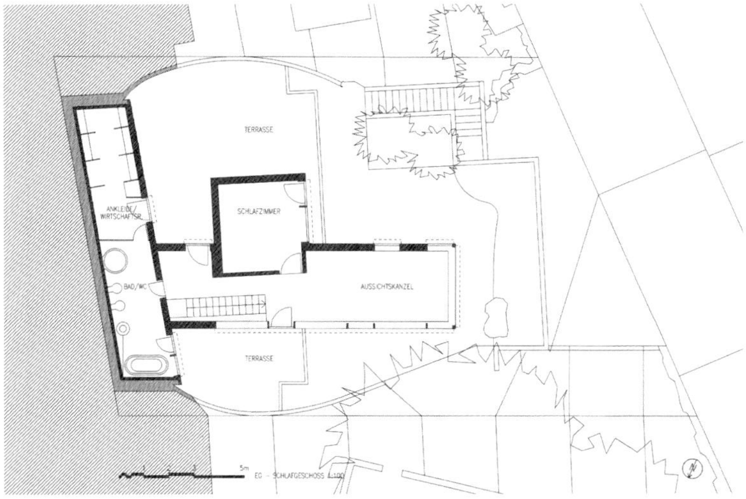

Erdgeschoss – Schlafgeschoss

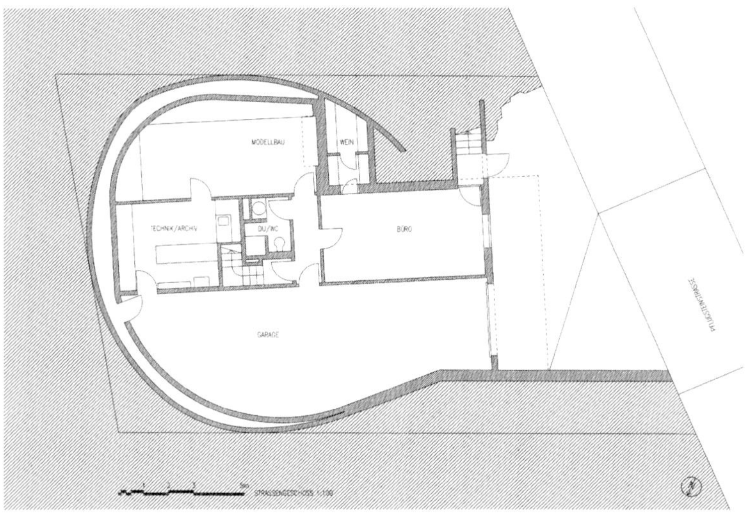

Straßengeschoss

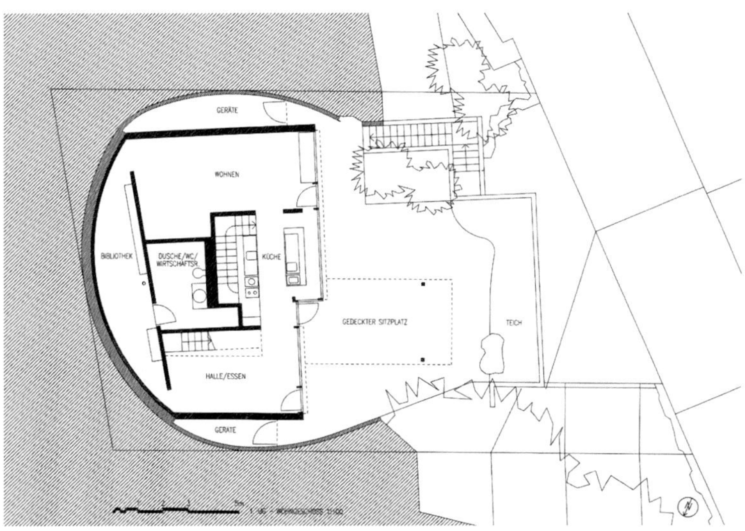

1. Untergeschoss – Wohngeschoss

1:300

Vita

Christiane Brasseur
Dipl. Architektin ETH/SIA
Schulhausstraße 37
CH-8703 Erlenbach-Zürich

cbrasseur@brasseur.ch

Geburtsjahr:	1952
Studienort:	ETH Zürich
Eigenes Büro seit:	1982
Anzahl der Mitarbeiter:	2

Arbeitsschwerpunkte
Wohnbau, Hotelbau, Praxen, Läden

Arbeits- und Entwurfsphilosophie
Anlehnung ans Neue Bauen, mit Augenzwinkern in Richtung Kubismus und Barock, Schlichtheit in der Materialisierung und Detaillierung, Pflege der Beziehung zwischen Innen und Außen

Daten

Wohnfläche:	197 m²
Zusätzlich beheizte Nutzfläche:	77 m² Kellerräume
Anzahl der Bewohner:	2
Grundstücksgröße:	302 m²
Grundstückscharakteristik:	Lage über dem Zürichsee an einem nach Westen orientierten Steilhang
Planungszeit:	16 Monate
Bauzeit:	11 Monate
Baujahr:	1998/99
Baukosten je m² Wohn- und Nutzfläche:	k.A.
Eigenleistungen:	alle Architektenleistungen
Jahresheizwärmebedarf:	36 kWh/m²a

Fotos: Gaston Wicky, Zürich

Entwurfskonzept
Das Grundstück liegt an einem um etwa 20 Grad abfallenden Nordhang, der nur eine Erschließung des Gebäudes von Süden zuließ. Bei der Disposition der Nutzungen wurde das Wohnen im Obergeschoss über dem Schlafgeschoss angeordnet. Dort befindet sich auch der Gebäudeeingang. Das Wohngeschoss ist mit einer durchgehenden Fensterfront nach Süden zu einem mit einer Pergola gefassten Außenraum geöffnet. Nach Norden dagegen inszeniert ein Panoramafenster den Blick in die Landschaft, die von der Silhouette des letzten Juraausläufers geprägt ist.

Konstruktion
Das einfache Gebäudevolumen wurde als Massivbau erstellt, wobei die unbeheizten Gebäudeteile Garage, Geräteraum und Keller in Sichtbeton belassen wurden. Darüber auskragend liegt der hoch wärmegedämmte, außen mit durchgefärbten Faserbetonplatten verkleidete Wohn- und Schlafbereich des Hauses.

Energetische Aspekte
Die Nordhanglage des Gebäudes, die hangseitige Erschließung sowie die nord- und talseitige Aussicht führten zu einem Entwurf mit entsprechend großen nordseitigen Fensterflächen.
Durch die architektonischen Rahmenbedingungen ergibt sich also keine optimale Nutzung der passiven Sonnenenergie. Diese Umstände wurden kompensiert durch den kompakten Gebäudekubus, eine gut gedämmte Gebäudehülle mit durchschnittlich U = 0,20 W/m^2K für Bauteile gegen Außenluft und U = 0,27 W/m^2K gegen unbeheizte Räume, sowie Holzmetallfenster mit Verglasungen U = 1,0 W/m^2K.
Mit den zusätzlichen Maßnahmen im Bereich der Haustechnik wird der Minergie-Standard der Schweiz noch deutlich unterschritten: eine kontrollierte Hygienelüftung mit einem WRG von 85 Prozent, eine Sole-Wasser-Wärmepumpe für Heizung und Warmwasser und 5,2 Quadratmeter Sonnenkollektoren auf dem Dach zur solaren Warmwasservorerwärmung.
Bei sämtlichen Fenstern gibt es einen außenliegenden Sonnenschutz. Zusammen mit der gewählten Massivbauweise mit entsprechend hoher thermisch wirksamer Speichermasse wird so ein effizienter sommerlicher Wärmeschutz erreicht und der Problematik der Raumüberhitzung im Sommer vorgebeugt.

Schweizer Architekten meiden vordergründige Effekte – sie gründen ihre Entwürfe auf intellektuelle Substanz. Daraus entwickelt sich dann wie selbstverständlich der Entwurf in formaler Stringenz.

Gegenüber: Ein Nordhang mit Straßenbezug nach Süden – der durch Stelen eingefasste kleine Gartenhof schafft die notwendige ästhetische Überhöhung. Ergebnis: Ein Haus, das einlädt und viel verspricht, wobei sich die endgültigen Effekte erst einstellen werden, wenn auch die Gartengestaltung abgeschlossen ist.

Niedrigenergiehaus bei Zürich

Intellektuelle Architektur –

 Architekten: DeBiasio & Scherrer, Zürich

Grundlage wirklicher Baukunst

Aus den Defiziten das Beste gemacht: der Hangblick nach Norden als Panoramaausschnitt am Arbeitsplatz in der Küche.

Gegenüber: Ganzverglasung der Treppe und Oberlicht sorgen für inszeniertes Südlicht auch im Hanggeschoss, das die Schlafräume mit grundstücksbedingter Nordorientierung birgt.

Anders als es der Bildausschnitt wiedergibt, öffnet sich der große Wohnraum in der Bildwirkung zum Gartenhof nach Süden.

Die dreidimensionale Computersimulation des Entwurfes gibt Architekten und Bauherren gleichermaßen ein perfekt atmosphärisches Abbild des Entwurfes – mehr als nur virtuelle Realität, wirkliche Vorstellungshilfe, die ein Modell in der Wirkung eindrucksvoll ergänzt, weil sie Blickbezüge festhält, die Erinnerungen vorwegnehmen ...

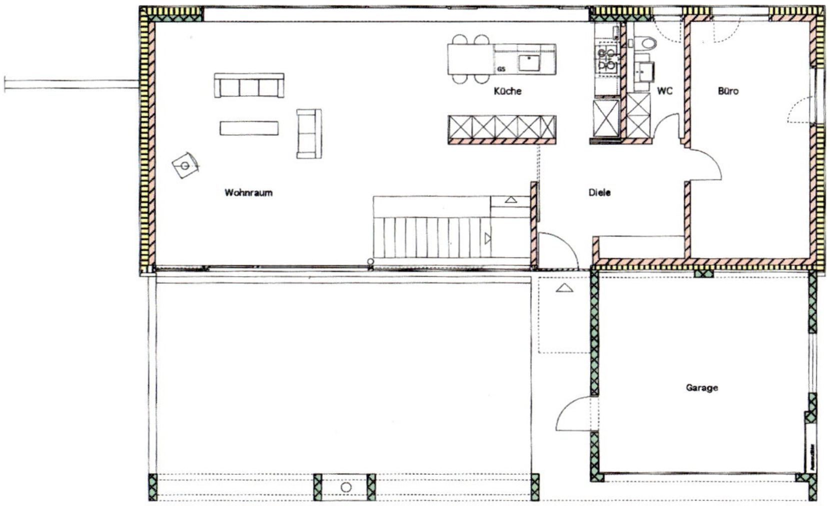

Obergeschoss

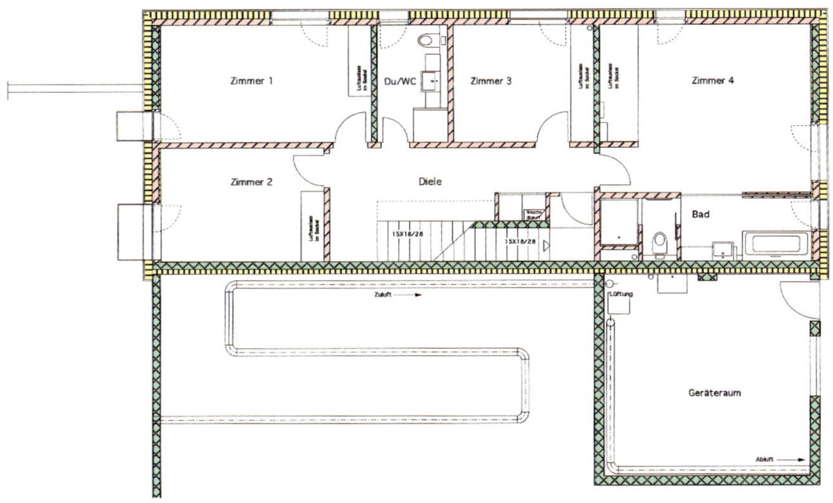

Hanggeschoss

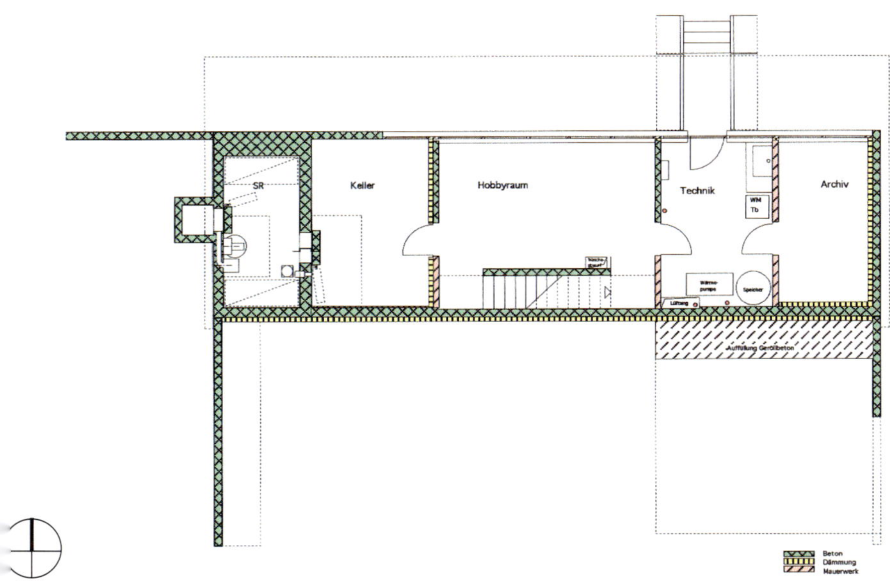

1:200

Untergeschoss

Vita

DeBiasio & Scherrer
Architekten
Badenerstraße 281
CH-8003 Zürich

de@debiasio-scherrer.ch

	Norbert DeBiasio	Markus Scherrer
Geburtsjahr:	1954	1953
Studienort:	ETH Zürich	ETH Zürich
Bürogemeinschaft seit:	1983	
Partnerschaften in Berlin seit:	1991	
Anzahl der Mitarbeiter:	5	

Arbeitsschwerpunkte
Grundstücksabklärungen, Planungen, Bauleitungen Wohnungsbauten, Einfamilienhäuser, Eigentumswohnungen, Geschosswohnungsbau

Daten

Wohnfläche:	243 m²
Zusätzliche Nutzfläche unbeheizt:	79 m² (Keller und Geräteraum)
Anzahl der Bewohner:	4
Grundstücksgröße:	859 m²
Grundstückscharakteristik:	Leicht abfallendes Hanggrundstück in der Agglomeration von Zürich
Baujahr:	2001
Planungszeit:	6 Monate
Bauzeit:	10 Monate
Baukosten brutto je m² Wohn- und Nutzfläche:	2950,– SFr
Baukosten brutto gesamt:	960 000,– SFr
Heizwärmebedarf:	42,50 kWh/m²a
Zugeführte elektrische Energie für Heizung und Warmwasser:	16,2 kWh/m²a = 1,6 Liter Öl
Jahresheizwärmebedarf:	14 195 kWh/a
Zugeführte elektrische Energie für Heizung und Warmwasser:	5411 kWh/m²a = 541 Liter Öl

Fotos: Gaston Wicky, Zürich

Gegenüber: Die leicht aus den Symmetrieachsen verschobenen, bündig eingelassenen Fenster scheinen sich rhythmisch zu bewegen, Tänzern gleich, die auf geheimnisvolle Weise kommunizieren.

Die Sonnenkollektoren auf der Dachebene erwärmen das Brauchwasser. Ihre Anordnung ist so gewählt, dass sie vom Straßenniveau aus nicht sichtbar sind.

Entwurfskonzept
Die 280 Quadratmeter kleine Restparzelle bezieht ihre Qualität unter anderem aus der zentralen Lage des Ortes. Um in der Umgebung von dreigeschossigen Blockbauten bestehen zu können und um die besondere Ecksituation zu markieren, wurde ein turmartiger, monolithischer Baukörper geplant. Er antwortet mit einem winkelförmigen Grundriss auf die komplexe Parzellengeometrie mit dreiseitiger Straßenumgebung. Die Ausrichtung erfolgt nach Südwesten. Diese Anordnung schafft Geborgenheit gegenüber der Umgebung und Transparenz nach Innen zum kleinen Südgarten. Zur Straße hin zeigt sich das Gebäude mit einer grafisch strukturierten Fassade, die vom Spiel mit den Proportionen der Fensterflächen lebt. Allen Geschossen ist ein geschützter Außenbereich zugeordnet: im Erdgeschoss ein gedeckter Sitzplatz, im Mittelgeschoss ein ungeheizter Wintergarten und im Obergeschoss ein offenes Sonnendeck. Eine äußere Kellerrampe mit einer darüber liegenden gedeckten Eingangsschleuse dient als Schnittstelle zwischen dem angrenzenden öffentlichen Raum der Parkplätze und dem privaten Bereich des eigenen Grundstücks.

Grundriss
Das Raumprogramm umfasst im Erdgeschoss zwei Zimmer mit gedecktem Sitzplatz, im Mittelgeschoss befindet sich der offene Wohn-, Ess- und Kochbereich mit einem wie schwebend angeordneten Wintergarten als Pufferspeicher, während das Galeriegeschoss als Atelier oder nach geringfügigem Umbau mit einem zusätzlichen Bad auch als weiterer Schlafbereich genutzt werden kann. Das angrenzende Sonnendeck verleiht dieser Ebene eine besondere Qualität.

Konstruktion
Die mit hohem Vorfertigungsgrad angelieferten, großflächigen Hohlkastenelemente wurden einschließlich Treppenturm an einem Tag aufgerichtet. Die Ausgestaltung der Räume ist bewusst »roh« gehalten. So mussten die Elemente auf der Baustelle nur noch von außen mit einer Lärchenholzschalung beplankt werden. Um eine flächige und gleichmäßige Patinabildung auf der Fassade zu erreichen, gibt es keinen Dachüberstand.
Als Speichermasse dient ein fußwarmer Fließestrich auf Gipsbasis, der die gewonnene Strahlungsenergie aus dem Wintergarten aufnimmt. Alle Räume wurden gleich ausgestaltet und materialisiert, wobei die bündige Verarbeitung der Materialien einen homogenen Gesamteindruck erzeugt. Als Schmutz- und Spritzschutz dienen Glas und Chromstahl, die effektreich fugenlos verarbeitet wurden.
Alle Installationen einschließlich der Lichtschalter sind kostengünstig zentral neben der Treppe angeordnet.
Die gesamte Gebäudekonstruktion ist diffusionsoffen gefertigt, wobei die vierschichtig angelegten Außenwand- und Dachelemente platzsparend nur 30 Zentimeter stark sind, das Dach ist extensiv begrünt.

Energiekonzept und Haustechnik
Das Gebäude ist mit Zelluloseflocken in der Konstruktionsebene mit 22 Zentimeter Stärke hochwärmegedämmt, wobei diese Form der Dämmung auch einen guten Schallschutz gewährleistet. Geheizt wird mit Erdwärme. 80 Meter tief reichende Erdsonden geben die Energie an eine Wärmepumpe ab, die die Bodenheizungsrohre versorgt. Das Brauchwasser wird über Sonnenkollektoren, die auf dem Dach installiert sind, vorgewärmt und einem Speicher zugeführt. Die Komfortlüftungsanlage mit Wärmerückgewinnung entzieht der verbrauchten Raumluft in Bad und Küche 90 Prozent der Wärmeenergie, um sie dann, mit Frischluft angereichert, über Bodenkanäle wieder an die Räume abzugeben.
Die Außenluft wird in einem Erdregisterrohr, das unter Frosttiefe in der Baugrube verlegt wurde, auf etwa 6–8 °C vorgewärmt. So können die Fenster in der kalten Jahreszeit geschlossen bleiben, der Energieverlust durch Fensterlüftung unterbleibt. Der »hängende« Wintergarten dient als Klimapuffer und wird je nach Besonnung und Jahreszeit nach innen oder außen geöffnet. Die gewonnene Wärmeenergie wird im Fließestrichboden zwischengespeichert.

Niedrigenergiehaus in Wangen bei Olten

Ein Grundstück, das keine

 Architekt: René Hayoz, Olten

Standardlösung zuließ

Die obere Wohnebene mit der Dachterrasse, die einen weiten Ausblick über die Nachbarhäuser erlaubt – und damit die Grundstücksnachteile vergessen lässt.

Gegenüber: Der Vorteil selektiver Fotografie: Ein qualitätvolles Haus mit interessanter, wohl überlegter Architektur, die äußerst differenziert mit dem Thema Raum – innen wie außen – umgeht.

Eine Ebene darunter, auf der Höhe der Nachbarbebauung, fällt die Terrasse als Wintergarten sehr viel geschützter aus – der Rückzug ins Innere wird inszeniert.

Die Küchenanordnung im ersten Obergeschoss nutzt geschickt die wenigen schönen Blickbezüge nach außen, den nötigen Raum bietet der Luftraum über zwei Geschosse mit entsprechend großzügigen Blickachsen.

Vom Küchenarbeitsbereich führt der Blick ins Dachgeschoss, das als zusätzliche Wohnfläche mit offener Terrasse dient.

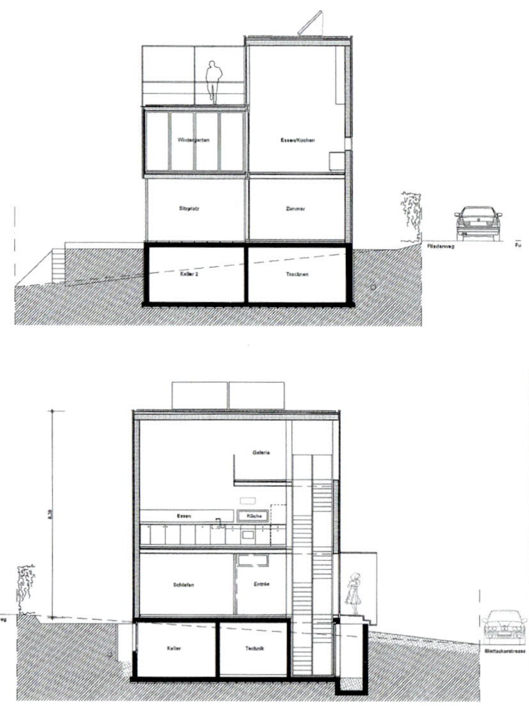

Schnitte

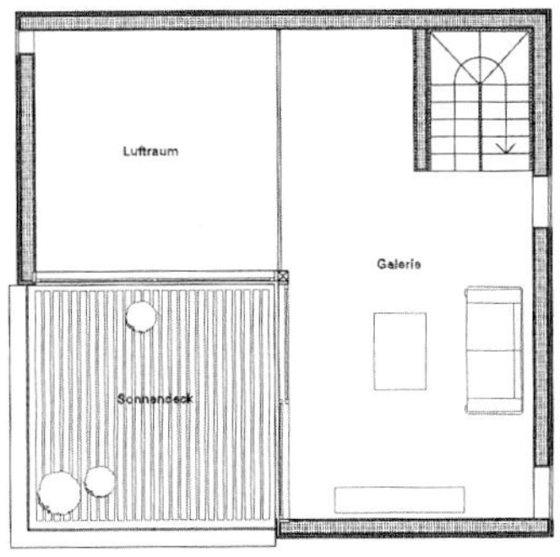

2. Obergeschoss

Vita

René Hayoz
Architektur Atelier
Mühletalweg 16
CH-4600 Olten

hayoz@smile.ch

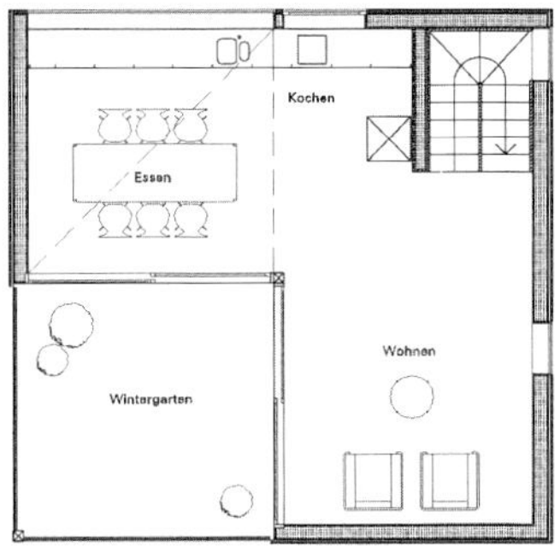

1. Obergeschoss

Geburtsjahr:	1960
Eigenes Büro seit:	1991
Anzahl der Mitarbeiter:	Arbeitsgemeinschaft mit anderem Architekten

Arbeitsschwerpunkte
Wohnungsbauten mit Niedrigenergiestandard

Arbeits- und Entwurfsphilosophie
Kundengerechte Umsetzung der Bauaufgabe in zeitgenössischer Architektur. Spannende Raumbezüge konstruieren. Mit jedem Bau sich selber weiterentwickeln. Vorfertigung von Bauteilelementen und deren »Fügung« auf der Baustelle. Schlichtheit in der Materialisierung. Kostengünstig bauen. Energieeffiziente Bauten, nach Möglichkeit mit Minergie-Standard.

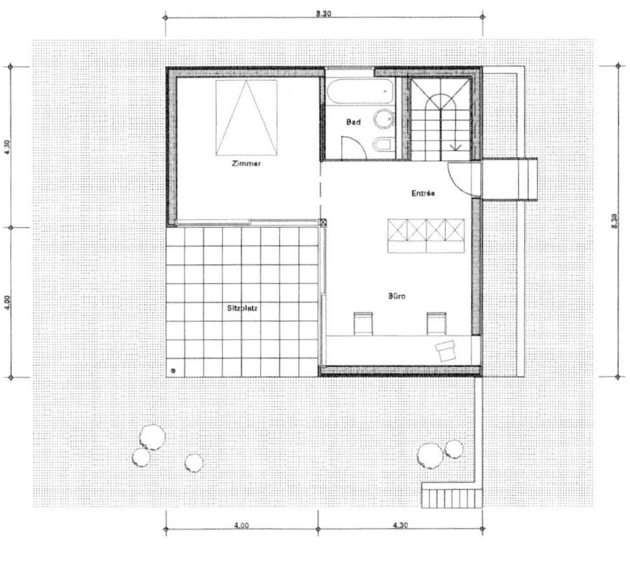

Erdgeschoss

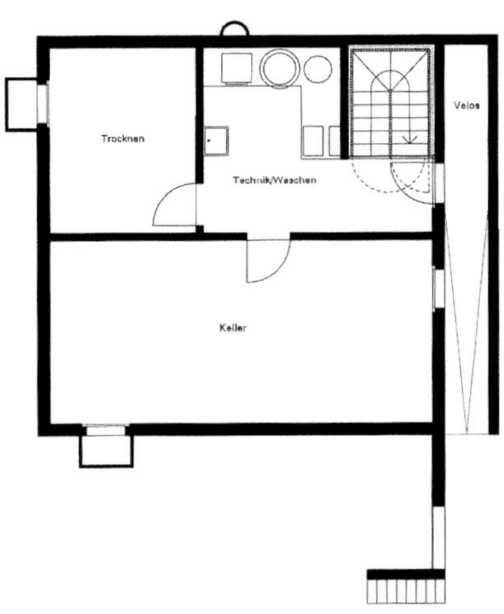

Untergeschoss

1:200

Daten

Wohnfläche:	105 m^2
Zusätzliche Nutzfläche:	55 m^2 (Keller)
Nutzfläche unbeheizt:	16 m^2 (Wintergarten)
Gebäudevolumen:	700 m^3
Anzahl der Bewohner:	2
Grundstücksgröße:	282 m^2
Grundstückscharakteristik:	kleine Restparzelle in der Agglomerationsgemeinde Wangen
Baujahr:	2000/2001
Planungszeit:	2 Jahre
Bauzeit:	4 Monate
Baukosten brutto gesamt:	455 000,– SFr
Heizwärmebedarf:	67,80 kWh/m^2a

Fotos: René Dürr-Venuti, Zürich

2 Niedrigenergie-Lofthäuser in Volketswil

Ohne Gestaltungsanspruch

Architekt: Peter Kunz, Winterthur

Ausgangssituation

Die steile Hangparzelle liegt in einem Einfamilienhausgebiet mit Blick auf den Dorfkern von Volketswil. Die Bauaufgabe war ungewöhnlich, unkonventionell ist das Ergebnis: Zwei Einpersonen-Einraumhäuser mit je etwa 100 Quadratmeter Wohnfläche.

Entwurfskonzept

Drei ähnliche, eingeschossige Quader gliedern streng geometrisch den Hang. Die ruhige, weitgehend im ursprünglichen Zustand belassene Natur umringt jedes dieser Gebäude und akzentuiert zusätzlich die einzelnen Kuben. Durch die scharfkantige Ausführung in Sichtbeton, die präzise Begrenzung der Volumina durch die jeweilige Bodenplatte, die Wände und das Flachdach erinnert das Projekt an eine Minimal Art Installation – drei singuläre Skulpturen durchstoßen das natürlich gewachsene Hangterrain.

Gegenüber: Reduktion bis zum konsequenten Minimalismus – nicht als Prinzip, sondern als bestes Konzept für eine ungewöhnliche Bauaufgabe. Auch die Sonnenschutzanlage und das Garagentor fügen sich stimmig ein – kein formales Element bricht aus.

Eine derart reduzierte Architektur wirkt auf den ersten Blick natürlich spröde, aber wer sich darauf einlässt, wird schnell von der gestalterischen Konsequenz und dem Gefüge aus Flächen- und Raumproportionen begeistert sein.

Gebäudeorganisation

Das erste Gebäude auf Straßenniveau dient als Garage. In den beiden darüber liegenden, deckungsgleichen Volumina befinden sich die beiden Wohnungen. Durch die parallele Anordnung im Hang entsteht Wohnraum über die gesamte Parzellenbreite ohne gegenseitige Einblicke und mit optimaler Ausrichtung nach Süden. Die auf wenige Elemente und Materialien reduzierten eingeschossigen Gebäude sind vollflächig nach Süden verglast, die Wohneinheiten selbst in drei Zonen eingeteilt. Die Rückzone – als großer Einbauschrank ausgebildet – umfasst die dienenden Räume Garderobe, Abstellraum, Bäder, begehbarer Schrankraum, Keller und Heizung sowie alle technischen Installationen. Der Hauptraum wird so zu einem frei unterteilbaren Loft. Die vorgelagerte Terrassenzone kann über die gesamte Gebäudebreite durch die großen Schiebefenster erweitert werden – so wird die Wohnfläche mit schwellenlosem Ausgang bei Bedarf Teil des Außenraumes. Der Innenraum besticht durch die klare Struktur und das außergewöhnliche Raumerlebnis. Die rückseitigen, homogenen, 15 Meter langen Einbauten sind flächenbündig gestaltet und strahlen Ruhe aus, die gegenüberliegende Glasfront mit den Schiebetüren vermittelt dagegen das Gefühl erlebnisreicher Weite. Beides umschließt den offenen, frei möblierbaren Raum – ein kleines Haus wird zu einer großzügigen Wohnoase.

Energiekonzept

Die kompakten Volumina sind genau nach Süden ausgerichtet, sodass die passive Sonnenenergie optimal genutzt werden kann. Das große Vordach über der Terrasse schließt eine Überhitzung im Sommer aus, ohne dass die Sicht in die Landschaft eingeschränkt wird. Eine Stoffmarkise schützt zusätzlich vor Überhitzung des Wohnraumes. Im Winter dagegen kann das tief auftreffende Sonnenlicht eingefangen werden. Um den Wärmeverlust möglichst gering zu halten, weisen die übrigen Fassaden nur sehr kleine Fensteröffnungen auf. Die Nordfassade ist größtenteils ins Erdreich eingegraben, was den Wärmeverlust zusätzlich reduziert. Durch dieses klare, einfache Konzept kann ein großer Teil der Sonneneinstrahlung zur Erwärmung des Gebäudeinneren genutzt werden. Die kompakte Luft/Luft-Wärmepumpe erbringt im Winter die nötige Restwärme, die kontrollierte Lüftung senkt darüberhinaus den Energieverbrauch.

gibt es keine gute Architektur

Im oberen Haus wurde der gebäudebreite Einraum durch ein Schiebeelement abgeteilt. Hinter der linken Wand verbergen sich die Funktionseinbauten und Nassräume.

Links und unten: Der Küchentresen mit dem Kaminabzug dient als Raumteiler. Dahinter liegt der für Schweizer Küchenplaner so vertraute Arbeitsbereich in Zeilenanordnung.

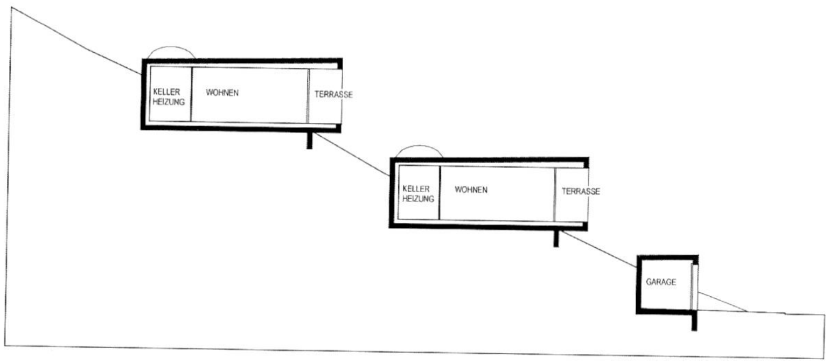

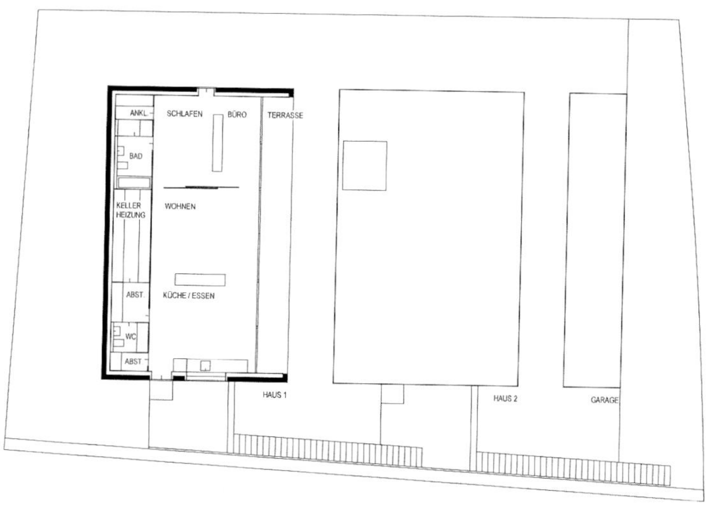

1:400

Vita

Peter Kunz Architektur
Neuwiesenstraße 69
CH-8400 Winterthur

Projektmitarbeiter: Fabian Sträuli, Architekt FH

mail@kunz.architektur.ch
www.kunz.architektur.ch

Geburtsjahr:	1964
Studienort:	FH Winterthur
Eigenes Büro seit:	1991
Anzahl der Mitarbeiter:	4

Arbeitsschwerpunkte

Industrie- und Gewerbebau, Schulhäuser, Wohn- und Geschäftshäuser, Einfamilienhäuser, Innenausbauten und Möbeldesign

Arbeits- und Entwurfsphilosophie

Wie wir arbeiten – woran wir glauben
Architektur ist Kunst und Handwerk, Psychologie und Geschäft. Nur wenn alles zusammenpasst, entsteht das Gültige. Dafür soll unser Name stehen: für professionelle, kreative, ortsbezogene, exakte und wirtschaftliche Architektur.
Wir ermutigen unsere Auftraggeber zur aktiven Mitarbeit. Nur wenn sie ihre Werte und Einstellungen, ihren Lebensstil und ihre Bedürfnisse einbringen, können wir ihnen das Bestmögliche vorschlagen.
Wir schätzen jeden Auftrag, vom Gartensitzplatz bis zur Villa, vom Umbau bis zur Wohnüberbauung, von der Garage bis zum Industriebau.
Es ist uns gelungen, richtig verstanden zu werden: Als Architekten, die das Zeitgemäße und Echte realisieren. Wir stehen für einen unverwechselbatren Stil.
Daran wollen wir weiter arbeiten.

Daten

Wohnfläche:	je 131 m^2
Zusätzliche Nutzfläche:	je 20 m^2 Keller und Garage
Anzahl der Bewohner:	je 1
Grundstücksgröße:	gesamt 861 m^2
Grundstückscharakteristik:	steile Hanglage in einem Einfamilienhausquartier
Baujahr:	1999/2000
Planungszeit:	9 Monate
Bauzeit:	6 Monate
Baukosten brutto je m^2 Wohn- und Nutzfläche:	3400,– SFr
Heizwärmebedarf:	80 kWh/m^2a
Jahresenergieverbrauch:	8100 kWh/m^2a

Fotos: Ursula Litschi (S. 184 Mi. und u.), Jürg Zimmermann S. 184/185), Thomas Hämmerle (S. 184 o.)

Innovative Solararchitektur

Null-Energiehaus im Toggenburg/Schweiz

Architekt: Dietrich Schwarz, Domat/Ems

Gegenüber oben: Gegen die Hauptwindrichtung duckt sich das Gebäude ins Gelände, und wie ein Flügel stellt sich das abgesetzte Dach dar, ohne dem Wind Angriffsflächen zu bieten.

Gegenüber unten: Die Südfassade ist konsequenter Sonnenkollektor, seine Ästhetik wird vom Raster der Paraffinspeicher bestimmt, die in ausgewogenen Proportionen dem Gebäude seine eindeutige Architektursprache verleihen – eine zurückhaltend programmatische Architektur.

Pflanzen bestimmen das Leben der Bauherren, und wer die Natur wirklich liebt, fügt ihr keinen Schaden zu. Ergebnis ist das Null-Energiehaus mit konsequent ökologischem Planungsansatz – aber ohne Verzicht auf Ästhetik.

Kontext

Der Neubau bezieht sich zwar formal auf die von Landwirtschaft und traditionellen Holzhäusern geprägte Umgebung, ist aber im Gegensatz dazu in Konstruktion und Energiekonzept als innovativ-moderner, industriell vorgefertigter Holzelementbau geplant. Der Baukörper ist flach und quer zum Tal ausgerichtet, wobei die nur 3,3 Meter hohe und 25,7 Meter lange Rückseite des Gebäudes die Wetterseite darstellt und ohne Vordach dem Wind kaum Angriffsfläche bietet. Das über dem Wohnbereich, nach Süden aufgespannte Pultdach dagegen fungiert auf der besonnten Vorderseite für den Vorplatz als Windschutz. Die Umgebungsgestaltung ist unprätentiös, sie dient dem Hobby der Bewohner, dem biologischen Landbau. Ausgangspunkt der Planung war eine Quartiersstudie, in der die passive Nutzung der Solarenergie Seitens der Behörden explizit gewünscht wird. Zu diesem Zweck wurde die Bedingung aufgestellt, dass das Gebäudedach als nach Süden orientiertes Pult und die Südfassade als solare Kollektorfläche auszubilden sind.

Grundriss und Schnitt

Die Bauherrschaft hat sich mit dem Gebäude ihren Alterssitz verwirklicht – mit der Bedingung, dass im Hinblick auf spätere mögliche Gebrechen alle Räume auf einer Ebene angeordnet werden sollten. Alle Haupträume sind unmittelbar an der Südfassade angeordnet, dagegen belichtet auf der Nordseite ein Bandfenster die Verkehrsflächen und Nassräume. Dusche, Bad und WC sind als semitransparente Kojen dem Erschließungsgang der Schlafzimmer zugeordnet, wodurch eine einladende Belichtung diesen Bereich bestimmt. Im Wohnraum sind die Nutzungszonen zueinander offen mit freiem Blick zu beiden Seiten des Tales. Die Wohnküche lässt sich über eine Schiebetür dem Wohnraum zuschalten. Der Gebäudeschnitt ist so ausgebildet, dass die Verkehrszonen und der Nebenbau mit Garage und Geräteraum über ein flaches Dach verfügen, wodurch der liegende Charakter des Hauses in der Landschaft noch unterstützt wird. Das Pultdach über den Haupträumen öffnet diese großzügig nach Süden und verdeutlicht somit das auf solare Energiegewinnung ausgerichtete Gebäudekonzept.

Konstruktion

Das Haus ist als industriell vorgefertigter Holzelementbau ausgeführt, wobei Boden, Außenwände und Dach aus hochgedämmten, 40 Zentimeter starken Hohlkästen bestehen, die mit Altpapierflocken ausgeblasen wurden. Die äußere Beplankung bildet eine Lärchendreischichtplatte, die innere eine aus Fichte. Der Energiebedarf im Herstellungsprozess einer solchen Konstruktion ist sehr gering – eine weitere Voraussetzung konsequenten ökologischen Bauens.
Die Südfassade dient als solare Energiequelle, wobei der Fensteranteil 38 Prozent und der einer neu entwikkelten Solarwand 62 Prozent beträgt. Ihre thermische Speicherfähigkeit erübrigt die Anlage massiver Speichermassen, was den Bauablauf erheblich verkürzt – das Haus war bereits nach 4 Monaten Bauzeit bezugsfertig.

Solare Gewinn-Speicherwand

Mit dem Prototyp einer solchen Wandkonstruktion ist es erstmals gelungen, ein geschosshohes Bauelement zu fertigen, in dem alle relevanten Komponenten der thermischen Solartechnik integriert sind: die transparente Wärmedämmung (TWD), der Absorber, der thermische Energiespeicher und der Überhitzungsschutz. Als TWD wurden Low-E-Isolierglasschichten gewählt, wobei die zweitäußere durch die prismatische Ausformung als saisonaler Überhitzungsschutz fungiert, in dem das steil auftreffende Sonnenlicht reflektiert wird, während die flach auftreffende Wintersonne die Prismen passieren kann. Erfolgsentscheidend aber ist die enorme Speicherfähigkeit des Bauelementes. Kunststoffkästen mit Parafin gefüllt sind hinter den Isolierglasschichten angeordnet, wobei das Paraffin die Eigenschaft hat, bei Raumtemperatur zu schmelzen und so als Latentspeicher wirkt. Durch die Phasenverschiebung von fest zu flüssig und umgekehrt kann Paraffin zehnmal mehr Energie aufnehmen und abgeben als Beton. Durch die Einfärbung der Kunststoffkästen wird das Licht direkt in der Speichermasse absorbiert, was ein gleichmäßiges Aufschmelzen gewährleistet. Eine Wartung des Systems ist nicht notwendig. Verblüffend ist seine interaktive Wirkungsweise, die auch sinnlich wahrnehmbar ist: Nach einem sonnigen Wintertag wird die Wand durch das Aufschmelzen des Paraffins lichtdurchlässiger und heller. Bei einer Kaltwetterperiode dagegen gibt sie die gespeicherte Energie durch angenehme Strahlungswärme ab, gleichzeitig verdunkelt sie sich wieder. Da im Sommer kein Licht die Glasschicht passieren kann, wird das Paraffin auch nicht aufgeschmolzen – die Wand bleibt

→ Seite 188

mit hohem Wirkungsgrad

Der Grundriss im Erdgeschoss ist bewusst einfach in Reihe organisiert ohne hinderliche Barrieren. Die Küche lässt sich durch eine Schiebetür vom haustiefen Wohnraum abtrennen.

Auch in den Schlafräumen wurde die Energiewand sichtbar gelassen – warum auch soll ein derart intelligentes Energiesystem versteckt werden? Es muß tief beruhigend sein, in einem Haus zu leben, das in der Jahresbilanz ohne eingekaufte Zusatzenergie auskommt – technisch, ökologisch und ästhetisch zukunftweisend.

dunkel. Trotz der der physikalischen Gesetzmäßigkeiten bleibt der Gestaltungsspielraum im Bereich der Wand groß, da die innere Glasscheibe mit einem keramischen Siebdruck beschichtet ist. Dieser kann in allen Farben und Mustern gewählt werden, auch in neutralem Weiß.

Null-Energiehaus-Konzept

Das Gebäude nutzt alle passiven und architektonischen Möglichkeiten, um einerseits wenig Energie durch Transmission zu verlieren und anderseits viel solare Energie kontrolliert zu gewinnen.

Das Konzept wird durch aktive Systeme ergänzt: Eine mechanisch kontrollierte Raumlüftung mit Erdregister, integriertem Wärmerückgewinnungsgerät und einer Wärmepumpe deckt den notwendigen Restheizbedarf in Schlechtwetterperioden ab. Ein Warmwasserkollektor erwärmt den Wasserspeicher und erfüllt so bei schönem Wetter den Bedarf.

Es resultiert für den thermischen Energiebedarf ein minimaler Anteil von 500 bis 700 kWh/a. Als ideale Ergänzung zur Wärmepumpe fungiert daher eine Photovoltaikanlage, die auf der gesamten Gebäudelänge reversibel auf dem Dach angeordnet wurde. Die 16,7 Quadratmeter-Anlage liefert etwa 2200 kWh/a.

Auf diese Weise ist mit Hilfe von sparsamen elektrischen Geräten auch der Strombedarf des Hauses gedeckt. Durch die Rückspeisung der PH-Anlage ins Netz im Sommer und dem Energiebezug im Winter entsteht über das Jahr gerechnet eine ausgeglichene Energiebilanz – und damit ein Null-Energiehaus.

Hier im südorientierten Wohnraum wird das energieeffiziente Bauprinzip sichtbar, ist bewusstes Gestaltungsmittel, kann aber auch neutral versteckt werden.

Raumhohe Glastüren trennen die Badzone vor den beiden Schlafräumen ab.

Das eher technisch anmutende Element der Glastüren steht in angenehmem Kontrast zur Dominanz des durchgängig eingesetzten Holzes.

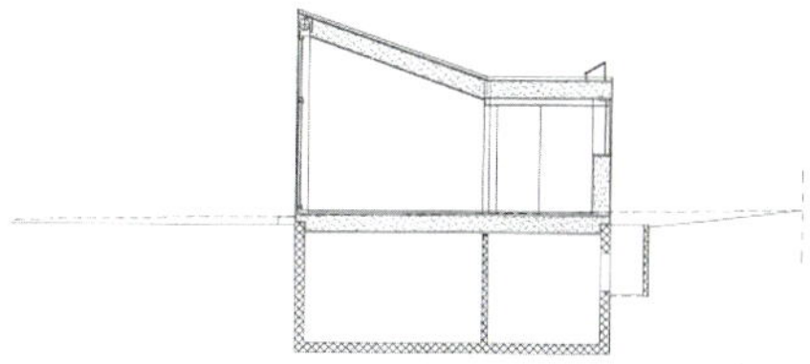

Schnitt

Vita

Dietrich Schwarz
Dipl. Ing. Architekt ETH/SIA
Via Calundis 8
CH-7013 Domat/Ems

SCHWARZ@SCHWARZ-ARCHITEKTUR.CH

Geburtsjahr:	1964
Studienort:	ETH Zürich
Eigenes Büro seit:	1992
Anzahl der Mitarbeiter:	1
Lehrtätigkeit:	Gastprofessur FH München

Arbeitsschwerpunkte
Solararchitektur, Forschungsprojekte, Sanierung von historischen Bauten

Arbeits- und Entwurfsphilosophie
Rationalität ist sinnlich

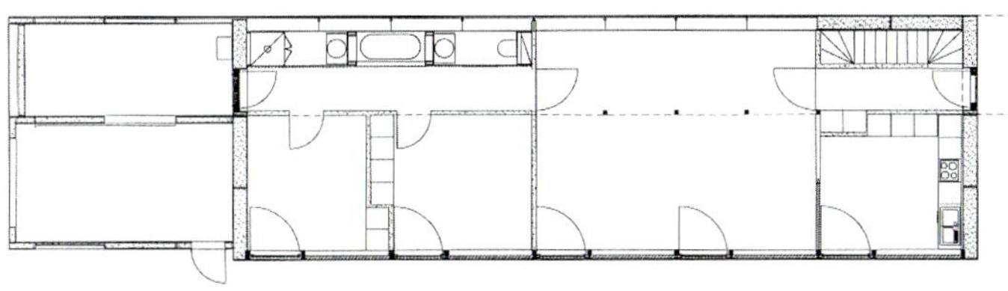

Erdgeschoss

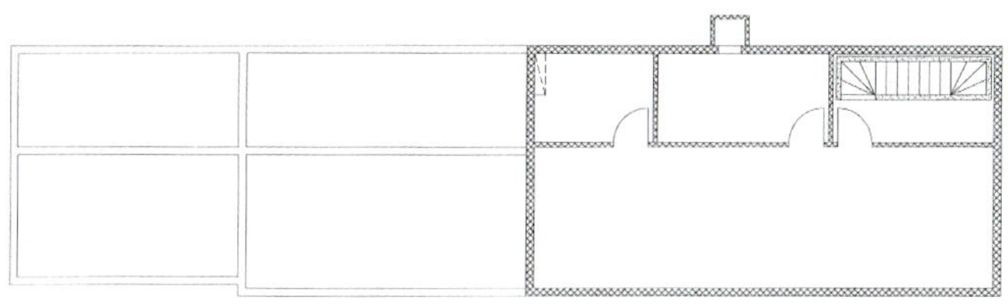

1:300

Untergeschoss

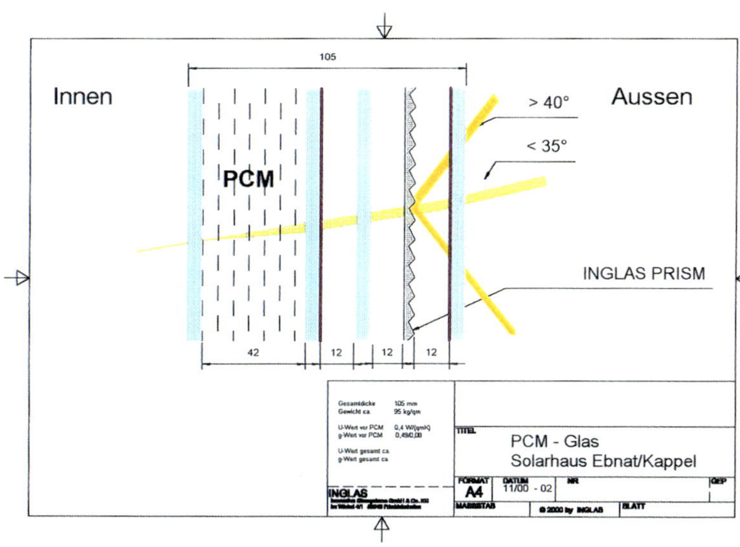

Daten

Wohnfläche:	109 m²
Zusätzliche Nutzfläche:	Keller 73 m², Garage 18 m², Geräteraum 13 m²
Anzahl der Bewohner:	4
Grundstücksgröße:	736 m²
Grundstückscharakteristik:	Bauplatz in einem Einfamilienhausquartier auf 635 M ü. d. M. oberhalb der Nebelgrenze
Baujahr:	2000
Planungszeit:	3 Monate
Bauzeit:	4 Monate
Baukosten brutto je m2 Wohn- und Nutzfläche:	3098,– SFr
Baukosten brutto gesamt:	660 000,– SFr
Heizwärmebedarf:	ausgeglichene Energiebilanz (s. Energiekonzept)

Fotos: Frederic Comtesse, Zürich

Entwurfskonzept

Basis der entwurflichen Idee dieses Hauses ist die Faszination der Landschaft über dem See mit ihren weiten Ausblicken. Der senkrecht vor einem an den Hang gelehnten Querriegel weit auskragende Doppelbaukörper öffnet die Innenräume – einem Fernglas gleich – über die stirnseitigen großen Verglasungen zum See. Rechts und links der Mittelachse mit notwendigen Einbauten befinden sich im mittleren Geschoss der große offene Wohnraum und zwei Schlafzimmer mit dazwischen angeordnetem Bad, während im Hanggeschoss das Schwimmbad mit angrenzendem Innenhof angeordnet ist. Um einen massiven baulichen Eingriff in den Hang zu vermeiden, wurde das Haus in zwei Baukörpern unterschiedlicher Höhe und Breite konzipiert – der eine erscheint wie die Fassung des anderen. Dabei ist der bergseitige Eingangstrakt der Erschließungsstraße zugewandt, während der langgestreckte, niedrigere, gleichsam ins Leere stoßende Wohnbereich sich gestisch zum See hin öffnet.

Grundriss und Schnitt

Das Raumprogramm ist auf drei Ebenen organisiert: Zugang mit Treppenhaus und Lift, Gastzimmer und Garage im oberen Geschoss, darunter liegt als Piano Nobile das Wohngeschoss, während das Hanggeschoss das auf den weiten Blick ausgerichtete Schwimmbad und einen zugehörigen schattigen Portikus aufnimmt. Das Gebäude wurde vorwiegend in Sichtbeton erstellt, mit starken Dimensionen im bergseitigen Teil, filigranen dagegen im talwärts gerichteten Wohntrakt. Die Fenster und Türen sowie die verstellbaren Lamellen im Wohngeschoss sind aus eloxiertem Aluminium.

Energie-Aspekte

Um den Energieabfluss im Winter zu mindern, erhielten die großen Fensterflächen ein spezielles Wärmeschutzglas mit geringem k-Wert und gleichzeitig guter Sonnenschutzwirkung bei hoher Lichttransmission. Um den in dieser Region gerade nicht erwünschten, hohen Sonnenenergieeintrag weiter abzuschirmen, erhielten die Ost- und Westfassaden durch Sensoren gesteuerte Lamellen, die normalerweise nur im Industriebau eingesetzt werden und für optimale Verschattung sorgen. Hier sind sie sowohl funktional notwendiges als auch charakteristisches Architekturelement.

Im Winter sorgt eine Luft-Wasser-Wärmepumpe für die notwendige Heizenergie, wobei das Schwimmbad während des etwa sechs Monate beheizten Betriebs vollständig von einer auf dem Dach installierten Solaranlage versorgt wird, ebenso das Brauchwasser, woraus sich, neben optimaler Wärmedämmung der Betonkonstruktion, der insgesamt sehr geringe Energieverbrauch des Gebäudes erklärt.

Gegenüber: Die charakteristischen Kuben an der Gartenseite, darunter die Eingangsebene. Hinter den Lamellen verbergen sich die Garage und ein Gästezimmer, mittig zurückgesetzt liegt der geschützte Eingang.

Der Blick vom Dach der Eingangsebene auf den auskragenden Wohnbereich. Die Solaranlage für die Schwimmbaderwärmung wurde für die Umgebung unsichtbar auf dem Dach hinter der Aufkantung versteckt.

Niedrigenergiehaus am nördlichen Lago Maggiore

Minimalistische Bauskulptur:

 Architekten: Giorgio und Michele Tognola, Losone

Reiz des funktionalen Expressionismus

Ganz links: Der langgestreckte Pool, dessen Wasserfläche mit dem See zusammenzufließen scheint. Aufgrund der starken Sonneneinstrahlung ist die kühlende Betondecke des Wohntraktes nur allzu willkommen.

Links: Der Ausblick vom westlichen der beiden oberen Zimmer entlang des Wohntraktes auf den See. Beide Zimmer verfügen über eine kleine geschützte Terrasse.

Das zum See ausgerichtete Schlafzimmer mit der interessanten Licht- und Schattenführung durch die Lamellen.

Links: Die über den gesamten Obergeschossgrundriss reichende verspiegelte Einbauwand, in der sich bei geöffneten Lamellen die Umgebung spiegelt.

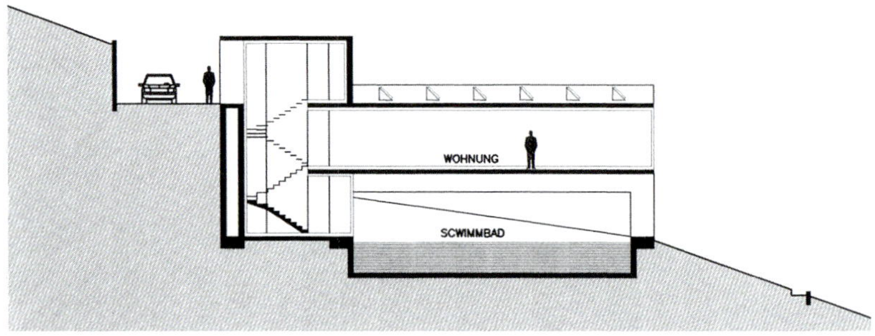

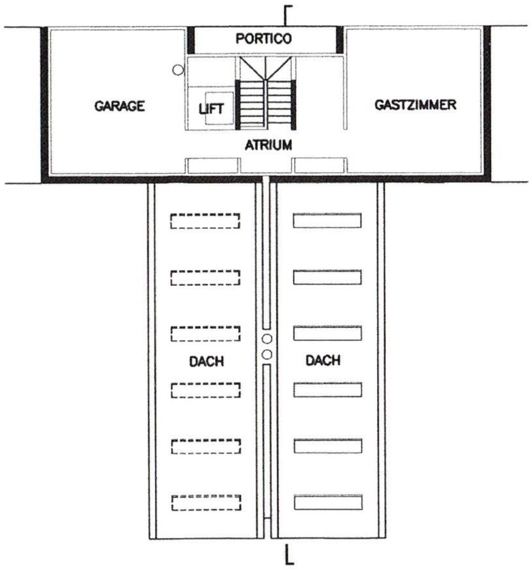

2. Obergeschoss

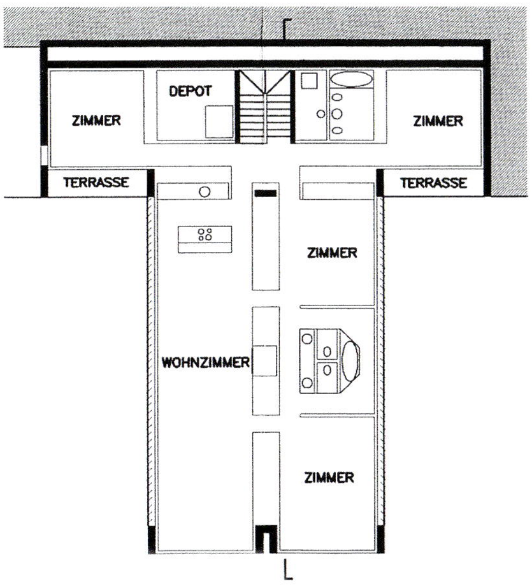

1. Obergeschoss

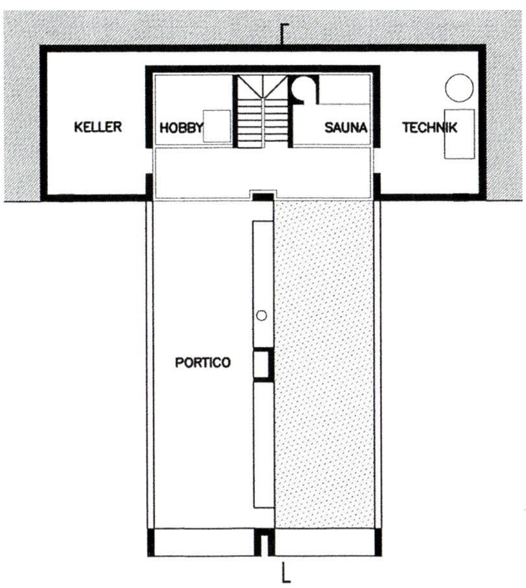

Erdgeschoss

1:300

Vita

Giorgio und Michele Tognola
Studio di Architettura
Via Locarno 43
CH-6616 Losone

	Giorgio Tognola	Michele Tognola
Geburtsjahr:	1957	1959
Studienort:	Ecole d' Architecture Paris	ETH Zürich
Eigenes Büro seit:	1987	
Anzahl der Mitarbeiter:	1	

Arbeitsschwerpunkte
Öffentliche Bauten, Gewerbebauten, Bauten für Kultur, Wohnhäuser, Bauen im Bestand, Restaurierungen

Daten

Wohnfläche:	250 m²
Zusätzliche Nutzfläche:	100 m² Keller, Technik, Schwimmbad
Anzahl der Bewohner:	3
Grundstücksgröße:	700 m²
Grundstückscharakteristik:	Hanggrundstück weit oberhalb des Sees
Baujahr:	1999
Planungszeit:	24 Monate (bedingt durch lange Vorprüfung, Genehmigungsverfahren, Verhandlung mit Nachbarn)
Bauzeit:	22 Monate (lange Bauzeit wegen schlechter Erreichbarkeit des Grundstücks)
Baukosten brutto je m² Wohn- und Nutzfläche:	k.A.
Gesamtenergiebedarf:	11 kW/m²a
Heizwärmebedarf:	5,6 kW/m²a
Energiegewinn über die Solaranlage:	12 000 kWh/a

Fotos: Margherita Spiluttini, Wien, Archiv Architekten

Ausgangssituation

Das Grundstück liegt in einem Einfamilienhausquartier, in dem nur zweigeschossige Bauten zugelassen sind. Außerdem galt es in der Gebäudehöhe Rücksicht auf das darüberliegende Grundstück zu nehmen. Im Sinne eines haushälterischen Umgangs mit Bauland in einer derart guten Lage sollte ein verdichtet urbanes und eigenständiges Architekturkonzept verwirklicht werden, das seinen Nutzern eine außergewöhnliche Wohnkultur bietet. Ökologische Maßnahmen wie kontrollierte Wohnungslüftung, überdurchschnittliche Wärmedämmung, Sonnenkollektoren und Dachbegrünung sollten in den Entwurf integriert werden.

Entwurf

Jedes der drei Häuser verfügt über eine eigene Erschließung und einen eigenen privaten Vorbereich mit Einfahrt, Abstellplatz und Garage. Der eigentliche Baukörper, von der Straße abgesetzt und im Hang Ost-West positioniert, hat eine klare und einfache Form. Filigrane Vorbauten aus Stahl rhythmisieren und gliedern die Westfassade. Ein im vorderen Bereich natürlich belichtetes Sockelgeschoss, in dem sich im Mittelhaus das Büro befindet, hebt die darüber liegenden Schlaf- und Wohngeschosse deutlich vom Boden ab und betont so die spezielle Hangsituation. Ein Dachaufbau mit großzügiger Terrasse und begrünter Dachfläche im hinteren Teil bildet den Abschluss der horizontalen Schichtung der Häuser. Die vertikale Gliederung wird durch eine klare, schon am Grundstücksrand beginnende und sich durch alle Geschosse bis hinauf zum Dachaufbau ziehende Erschließungs- und Zirkulationsschicht erreicht. Sie nimmt auch die Nassräume auf. Sowohl im Westen zwischen Garage und Büro, wie auch im Osten vor dem Schlafzimmer entstanden gut proportionierte, intime Gartenhöfe. Im Inneren der Häuser standen das außergewöhnliche Raumerlebnis und eine optimale Lichtführung im Vordergrund. Die jeweils zueinander versetzten Geschosse machen die Bewegung des Hanges im Inneren erlebbar und lassen die Räume ineinanderfließen. Eine dazwischen liegende Galerie mit Lichteinfall von oben verbindet die beiden Seiten des Hauses miteinander.

Gegenüber: Die Hangsituation mit der Erschließung und den kleinen eingefassten Vorgärten. Beachtenswert ist die äußerst sensible Filigranarchitektur, deren grafische Tektonik Maßstäbe für die Bauaufgabe Reihenhaus setzt.

Die Bergseite mit den geschützten Sitzplätzen im Freien.

Konstruktion

Alle Wände sowie die Sichtbetondecken wurden in Massivbauweise erstellt. Die Haustrennwände (2 x 15 Zentimeter Backstein und 60 Millimeter gedämmter Zwischenraum) sowie schwimmende Unterlagsböden mit 2 x 20 Millimeter Trittschalldämmung gewährleisten eine optimale Schalldämmung von Haus zu Haus.
Das äußere Erscheinungsbild wird einerseits durch die Zedernholzschalung im Norden, Osten und Süden sowie die anthrazitfarbenen Eternitplatten und den Stahlvorbauten aus Gitterrosten im Westen bestimmt. Zudem wurden in den Sockel- und Schlafgeschossen dieselben Eternitplatten als Schiebeläden verwendet. Die Dachaufbauten sind mit vorbewitterten Großrauten aus Rheinzink verkleidet. Hinter den Außenwandverkleidungen befindet sich die Wärmedämmung aus 24 Zentimeter Mineralwolle.

Energieaspekte

Die drei Häuser besitzen je eine individuelle, voneinander unabhängige Haustechnik. Die auf dem Dachaufbau stehenden Sonnenkollektoren liefern an sonnigen Tagen genügend Energie, um den Brauchwasserbedarf zu decken, die Wohnraumlüftung mit Wärmerückgewinnung wurde allerdings nur im Mittelhaus realisiert, wo sie ganz erheblich zur günstigen Energiebilanz des Hauses beiträgt.

3 Niedrigenergie-Einfamilienhäuser in der Reihe in Küsnacht

Vorbildliche Interpretation

 Architekten: Weber & Oertli, Küsnacht

des verdichteten Bauens

Die versetzt angeordneten Geschosse geben dem Raumgefüge eine faszinierende Großzügigkeit.

Die Küche im Wohngeschoss, darunter liegt um ein halbes Geschoss versetzt der Wohnraum. Interessante Lichtführung und Blickbezug zum See.

Bei Schweizer Architekten hat der Purismus immer auch die Komponente der Vergegenwärtigung des Wesentlichen – Raumwirkung, Ausblicke, Details, jedes architektonische Element steht für sich und fügt sich ganz selbstverständlich zu einer reduzierten Architektur von hohem Rang.

Dachgeschoss

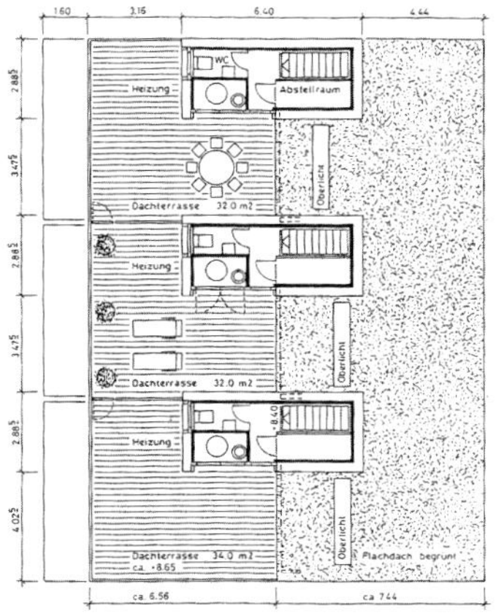

Wohngeschoss

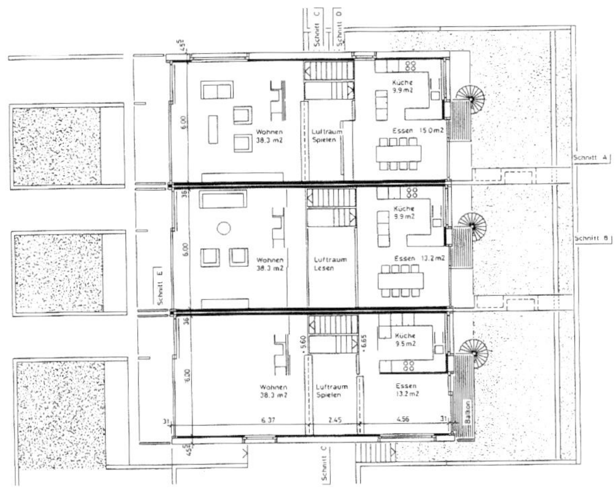

Schlafgeschoss

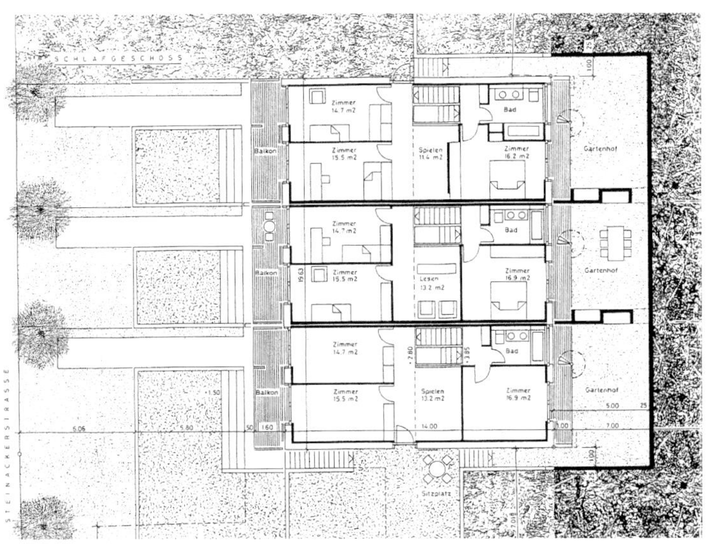

Sockelgeschoss

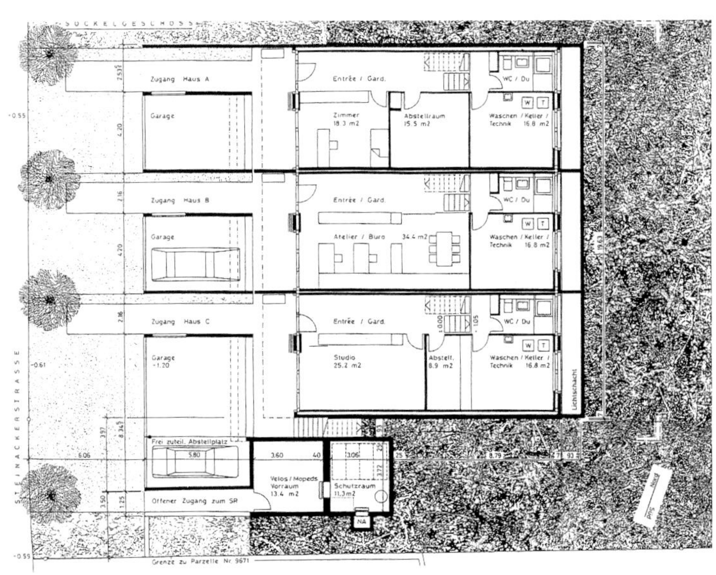

1:400

Vita

Weber & Oertli, Architekten
Barbara Weber
Dipl. Ing. Architektin ETH/SIA
Immobilienschätzerin
Bruno Oertli
Dipl. Architekt HTL
Steinackerstraße 1b
CH-8700 Küsnacht

weber-oertli@gmx.ch

	Barbara Weber	Bruno Oertli
Geburtsjahr:	1966	1958
Studienort:	ETH Zürich	Technikum Winterthur
Eigenes Büro seit:	1997	
Anzahl der Mitarbeiter:	keine	

Arbeitsschwerpunkte
Wohnungsbau – Neu- und Umbauten, Innenausbau, Immobilienschätzungen

Arbeits- und Entwurfsphilosophie
Wir wollen das Moderne – nicht das Modische
Wir entwickeln das Einfache – nicht das Simple
Wir planen das Passende – nicht das Angepasste

Daten

Wohnfläche Mittelhaus:	193 m²
Zusätzliche Nutzfläche:	36 m² Bürofläche, 35 m² Keller und Garage
Anzahl der Bewohner:	2
Grundstücksgröße:	anteilig 230 m²
Grundstückscharakteristik:	sonnige Hanglage am Zürichsee
Baujahr:	1998/99
Planungszeit:	9 Monate
Bauzeit:	12 Monate
Baukosten brutto je m² Wohn- und Nutzfläche:	ca. 3000,– SFr
Heizwärmebedarf:	31 kWh/m²a
Stromverbrauch (inklusive Architekturbüro mit Computernutzung):	21,4 kWh/m²a
Jahresenergieverbrauch:	52,4 kWh/m²a

Fotos: Hannes Henz, Zürich

Ablinger, Vedral & Partner
Herbert Ablinger
Dipl. Ing. Architekt
Loudonstraße 23
A-1140 Wien
atelier@a-v.at
Seite 122–125

Achenbach Architekten + Designer
Mittelstraße 2A
D-70180 Stuttgart
joachim.achenbach@t-online.de
Seite 48–51

G. Bellmann Architectes
Dipl. Ing. Architekt EPFZ/SIA
CP 89
CH-1816 Chailly-Montreux
gbarch@span.ch
www.bellmannarchitectes.f2s.com
Seite 158–163

B & O Concept
Consulting GmbH für Hochbau,
Ingenieurwesen und Umwelt
Susanne Baur
Dipl. Ing. Architektin
Pointstraße 3
D-97437 Haßfurt
postmaster@b-o-concept.de
Seite 52–57

Biehler-Weith Associated
Building Design Projects
Rosgartenstraße 10
D-78462 Konstanz
office@biehler-weith.de
www.biehler-weith.de
Seite 58–63

Christiane Brasseur
Dipl. Architektin ETH/SIA
Schulhausstraße 37
CH-8703 Erlenbach-Zürich
cbrasseur@brasseur.ch
Seite 164–169

Brucker.Architekten
Johannes Brucker
Dipl. Ing. Architekt
Triberger Straße 44
D-70569 Stuttgart
Seite 64–67

DeBiasio & Scherrer
Architekten
Badenerstraße 281
CH-8003 Zürich
de@debiasio-scherrer.ch
Seite 170–175

Dibelius Architekten
Thomas Dibelius
Prof. Dipl. Ing. Architekt
Friedensallee 26
D-22765 Hamburg
Seite 68–73

Rolf Disch
Architekt
Wiesentalstraße 19
D-79115 Freiburg
info@rolfdisch.de
www.rolfdisch.de
Seite 34–39

Georg Driendl
Dipl. Ing. Architekt
Mariahilferstraße 9
A-1060 Wien
arch.driendl@aon.at
Seite126–133

Robert Felber
Architekt
Friedlgasse 21/8
A-1190 Wien
Seite 134–137

Gassner & Zarecky
Architekten und Ingenieure
Maiglöckchenweg 16
D-85521 Riemerling
Gassner-Zarecky@t-online.de
www.Gassner-Zarecky.de
Seite 12–19

Gatermann + Schossig und Partner
Architekten BDA
Dörte Gatermann
Elmar Schossig
Dietrich Mengel
Richartzstraße 10
D-50667 Köln
Mitarbeiter: Sven Gaeßler, Alexander Stehling
office@Gatermann-Schossig.de
www.Gatermann-Schossig.de
Seite 20–27

René Hayoz
Architektur Atelier
Mühletalweg 16
CH-4600 Olten
hayoz@smile.ch
Seite176–181

Erwin Kaltenegger
Dipl. Ing. Architekt
A-8162 Passail 390
dike@aon.at
Seite 138–143

K_M Architektur
Dipl. Ing. Daniel Sauter
Büro Bregenz
Seglerweg 1
A-6900 Bregenz
Büro Lindau
Hochbucherweg 58
D-88131 Lindau
k_m.architektur@aon.at
www.k-m-architektur.com
Seite 40–45

Peter Kunz Architektur
Neuwiesenstraße 69
CH-8400 Winterthur
mail@kunz.architektur.ch
www.kunz.architektur.ch
Seite 182–185

Architektenverzeichnis

Christine Lechner Horst Lechner
Architekten
Priesterhausgasse 18
A-5024 Salzburg
architekten-lechner@aon.at
Seite 144–149

Reinhard Madritsch
Dipl. Ing. Architekt
Adolf-Pichler-Platz 12
A-6020 Innsbruck
r.madritsch@chello.at
Seite 150–153

Meck Architekten
Prof. Andreas Meck
Dipl. Ing. Architekt BDA
Kellerstraße 39
D-81667 München
Mitarbeit: Stephan Köppel, Dipl. Ing. Architekt
Susanne Frank, Christian Summer
office@meck-architekten.de
www.meck-architekten.de
Seite 74–77

Mühlich, Fink & Partner
Architekten BDA
Heimstraße 11
D-89073 Ulm
info@mfp-ulm.de
www.mfp-ulm.de
Seite 28–33

Lisette Oberleitner
Dipl. Ing. Architektin
Eschersheimer Landstraße 61–63
D-60322 Frankfurt am Main
lisetteoberleitner@web.de
Seite 78–81

Prof. Günter Pfeifer
Dipl. Ing. Architekt
Pfeifer Roser Kuhn
Freie Architekten
Gartenstraße 19
D-79098 Freiburg
PfeiferFreiburg@gmx.de
Seite 82–85

Pfeiffer · Ellermann · Preckel
Architekten und Stadtplaner BDA
Hinterm Hagen 50
D-59348 Lüdinghausen
Seite 86–89

Planinghaus Architekten
Jens Daube Georg Seegräber Dirk Siebel
Heidelberger Straße 84
D-64285 Darmstadt
Seite 94–97

Planungsgruppe Bau + Energie
Lubenow + Peters, PartG
Lange Straße 47
D-34121 Kassel
info@bau-energie.de
www.bau-energie.de
Seite 90–93

Thomas Schmidt
Dipl. Ing. Architekt
Immermannstraße 46
D-44147 Dortmund
Seite 98–101

Dietrich Schwarz
Dipl. Ing. Architekt ETH/SIA
Via Calundis 8
CH-7013 Domat/Ems
SCHWARZ@SCHWARZ-ARCHITEKTUR.CH
Seite 186–191

Stoeppler + Stoeppler
Dipl. Ing. Architekten BDA + Stadtplaner
Richardstraße 45
D-22081 Hamburg
Seite 102–107

Giorgio und Michele Tognola
Studio di Architettura
Via Locarno 43
CH-6616 Losone
Seite 192–195

Walter Unterrainer
Atelier für Architektur
Marktgasse 17
A-6800 Feldkirch
arch.unterrainer@vol.at
Seite 154–157

Ingrid Wanner-Braatz
Dipl. Ing. Freie Architektin
Balinger Weg 18
D-72622 Nürtingen
Seite 108–111

Weber & Oertli, Architekten
Barbara Weber
Dipl. Ing. Architektin ETH/SIA
Immobilienschätzerin
Bruno Oertli
Dipl. Architekt HTL
Steinackerstraße 1b
CH-8700 Küsnacht
weber-oertli@gmx.ch
Seite 196–201

Wick + Partner
Architekten und Stadtplaner
Gähkopf 18
D-70192 Stuttgart
info@wick-partner.de
Seite 112–115

Peter Zirkel Architekten
Gaby Heijltjes + Peter Zirkel
Friedrichstraße 29
D-01607 Dresden
pzirkel@t-online.de
www.pzARCHITEKTEN.de
Seite 116–121

Impressum

Die Deutsche Bibliothek –
CIP-Einheitsaufnahme
Ein Titeldatensatz für diese Publikation
ist bei Der Deutschen Bibliothek erhältlich

Lithographie: Repro Ludwig, Zell am See
Druck und Bindung: Passavia, Passau
Printed in Germany

ISBN 3-421-03378-1